edicionescarena

J. V. YAGO

LA CONQUISTA DEL ESPACIO

Primera edición: junio de 2019

Ediciones Carena
c/Alpens, 31-33
08014 Barcelona
T. 934 310 283
www.edicionescarena.com
info@edicionescarena.com

Diseño de la colección:
Sandra Jiménez Castillo
Marina Delgado Torres

Diseño de la cubierta y maquetación:
Adrián Vico
Corrección: Jesús Martínez
Coordinación: Jesús Martínez
www.reporterojesus.com

Depósito legal: B 14934-2019
ISBN 978-84-17852-21-4
Impreso en España - Printed in Spain

Para Teresa Martí Llopis, mi madre,
que lloró junto a mi cama
la primera vez que tuve fiebre.

PRÓLOGO

Cuesta mucho conquistar el espacio periodístico. Sobre todo el espacio dedicado a la opinión. Son muy pocos centímetros cuadrados que repartir entre muchos aspirantes; y el criterio, por desgracia, no es la calidad literaria. Suele ser, en la mayoría de los casos, la relación personal, de amistad o por interés. La sección de opinión de cualquier periódico está llena de banalidades mal escritas y de comentarios políticos perfunctorios, que vale tanto como redactados a vuelapluma y quiere decir a lo que salga, como exhibiciones de improvisación. El gusto por el artículo inteligente y metafórico, perspicaz, caricaturizador y colorista –literario– se va extinguiendo, como va desapareciendo también la lectura de prensa escrita. Los periódicos, en consecuencia, reducen la superficie que dedican a la reflexión y a la palabra pura. Necesitan agradar, y la imagen es lo que hoy está en boga. Conquistar espacio en la prensa para la prosa vibrante y sola, trabajada, instigadora, coqueta y expresiva no es tarea fácil. Requiere perseverancia en el esfuerzo y mucha paciencia. Contrariamente a lo que afirmaba Cela, el que resiste ya no gana; logra, todo lo más, publicar sin regularidad ni remuneración. Algo parecido a lo que pasa con los libros: la lectura es una ocupación o un pasatiempo que vive horas muy bajas o, según lugares, una espantosa decadencia. Que a nadie se le ocurra ser hoy un Julio Camba, un González Ruano, un Francisco Umbral o –esto menos todavía– un Larra, porque se les considera los mejores articulistas, las cumbres del ramo, pero únicamente para la historiografía del periodismo. En la práctica tienen preferencia los amiguetes de turno y los gerifaltes de la política. No se prima la literatura sino el amiguismo y el escalafón administrativo. Y entre tanta mediocridad, colar un escrito es todo un triunfo. Ver que un rectángulo de 350 palabras pergeñado a la vieja usanza –reflejando al mismo tiempo una idea y a su autor– consigue hacerse un hueco en el tabloide resulta muy gratificante. No sabe uno, sin padrinos y sin relevancia personal, cómo ha sucedido. Pero se siente realizado y animado a seguir; y transportado a otro tiempo, a otra época en la que la república de las letras gozaba de una mínima demografía. No hay dinero para los artículos literarios, pero queda la satisfacción de publicar y de la escasa pero valiosa respuesta de los lectores. El artículo salido en el periódico se traslada luego a las redes electrónicas y allí rinde al autor una interesante cosecha de lectores adicionales. Lectores *comme il faut,* de los que se toman la molestia de confeccionar un escolio de alabanza o de censura y enviarlo. Entonces comprueba uno el efecto de su afición a rescatar vocablos del siglo XVIII, actualmente abandonados, en aras de la plasticidad lingüística; términos en desuso pero vigentes porque se pueden hallar en el diccionario. Y recuperados con la intención de restituirlos al gran tesoro de sinónimos que, proporcionando un matiz particular, hiperbólico, ironizante, caricaturizador y sarcástico, llenan de colorido el texto. Y de música. Toda prosa tiene su música, y en ella está el estilo de cada cual.

El empeño de conquistar espacios, por lo tanto, sigue valiendo la pena. Y si luego puede uno localizar sus diversos pegujales, diseminados en las hemerotecas, y concentrarlos en una parcela con tapas y solapas, ISBN y pie de imprenta, hete aquí al sufrido conquistador convertido en orgulloso latifundista, en ufano propietario de una finca inmaterial pero tan legítima y fehaciente como cualquier otra.

EN EL TIOVIVO DE LA SOCIOLOGÍA

Llamo sociología –consciente de lo pretencioso que resulta poner tan insigne vocablo como frontispicio de mis artículos– a lo que siempre ha sido crítica o meditación de las costumbres; a eso que hizo La Bruyère en *Los caracteres;* o Gogol en *Las almas muertas*, donde resaltó la estupidez y la mediocridad que observaba en la Rusia de su época; o Quevedo, cuando satirizó las bajezas de su tiempo en *Los sueños*; o Torres Villarroel, que retrató a sus contemporáneos con plasticidad suprema, con caricatura y colorido inigualables, en la *Barca de Aqueronte* y en las *Visiones y visitas*. El comportamiento humano es el producto de un combate sin tregua entre la bondad y la maldad, entre la materia y el espíritu; y en un instante de la historia como el que vivimos, dominado por una creciente negación de la trascendencia, la reflexión humanística se hace imprescindible. La civilización occidental periclita en medio –a causa– de su abundancia; se desliza por la pendiente del relativismo, que sólo es una mentalidad facilista y acomodaticia, regalona y embustera. Hemos bajado con rapidez vertiginosa desde los hitos del intelecto humano, desde las cumbres del ideal, a las zahúrdas de la ramplonería y los albañales del instinto. La rebelión de las masas, augurada por José Ortega y Gasset a mediados del siglo XX, alcanza su apogeo. La vulgaridad se impone dondequiera. El hombre, instigado por más espejismos que nunca, vuelve a ensoberbecerse por enésima vez; reniega de su mejor dimensión, del crisol de su nobleza; y así, pretendida, infantilmente liberado, se lanza sin pensar a la pocilga del animalismo, a convertir su blanca epidermis de criatura escogida en peluda corambre de cerdo. La humanidad experimenta, como grupo, los mismos vaivenes, idénticas zozobras que un solo individuo, y este fenómeno se agudiza combinado con el gregarismo. La especie se adentra hoy en sus horas más bajas, precipitándose, atropellándose, poniéndose zancadillas audiovisuales y grilletes electrónicos. Esta degradación humana se verifica en muchos ámbitos: en veredas ocultas y en escenas tenebrosas que hace falta iluminar. El mal se multiplica en la oscuridad y se alimenta, entre otras porquerías, de ignorancia. La luz y el discernimiento son sus enemigos; por eso quienes buscan la destrucción del hombre no escatiman esfuerzos para evitar que salga de la caverna platónica.

Los artículos que vienen a continuación quieren ser un ramo de ojeadas, desde atalayas diversas, al tiovivo de la sociología; un manojo de fogonazos en la tiniebla; una gavilla de imágenes fugaces; un fajo de visto y no vistos; un haz de impresiones en la retina, breves aunque suficientes para dejar sus correspondientes recuerdos en la mollera; detonadores para el pensamiento, advertencias contra la desidia, particular o colectiva, y balizas para señalar muy probables emboscadas. Atravesamos una región pantanosa llena de hondos pozos y viscosísimos lodazales. Un brillo tenue, insuficiente, fosfórico difumina los matices; una luz capciosa, procedente de los medios de comunicación, y una luz negra, espectral y turbadora que sale del entretenimiento industrializado, nos obligan a entrever la realidad con los párpados caídos, como en las pesadillas. Y un olor de azufre, un tufo discotequero, una hediondez de tugurio digital nos abruma el olfato. No dejemos que tengan la última palabra. No permitamos que nos aturdan. Perforemos la sombra con el rayo, por humilde que sea, de nuestro criterio propio, de las verdades objetivas, de la edificación personal, de la conciencia, la entereza, la rectitud y la bonhomía. No nos acobardemos cuando ciertos basiliscos, emitiendo espantosos bufidos, intenten ridiculizar estos valores. Mantengamos el equilibrio en la trepidante atracción de feria que son las costumbres hodiernas.

Encarámate, pues, lector, en el tiovivo de la sociología; sin miedo, pero alerta. Destapa el oído y abre los ojos, pues quizá encuentres algún quitamanchas para los pegotes que te ha podido echar encima la virtualidad informática.

Con veinte hasta los ochenta

Permaneceremos con veinte hasta los ochenta. Concentraremos ocho décadas en dos. Seremos jóvenes carcamales, ancianos a pleno rendimiento, estantiguas hiperactivas. Las edades del hombre quedarán reducidas a una brevísima niñez y una juventud vitalicia. La incomodidad que supondremos para nuestros padres alcanzará tal magnitud que lograrán hacernos «autónomos» en menos de un año; y luego, tras un curso preparatorio, totalmente autodidacta, en que aprenderemos a manejar dispositivos electrónicos, accederemos a una completísima y caótica educación, por medio de *Internet*, que nos permitirá llegar al colmo de la capacidad, al nirvana estudiantil, al chilindrón de la pericia, que no es otro –según los últimos avances pedagógicos– que autoadministrarnos el conocimiento. A los veinte seremos ingenieros, médicos, abogados, pilotos, fontaneros, inspectores de hacienda, barrenderos o registradores de la propiedad, y estaremos perfectamente preparados para el más acendrado hedonismo. Confinaremos el alma en una muy oculta y lóbrega mazmorra y, estimulados por los maravillosos descubrimientos de la ciencia, nos dedicaremos a conservar el cuerpo en una suerte de mocedad imperecedera. Iremos cumpliendo años, pero será como si no los cumpliéramos. Pura formalidad sin deterioro ninguno. Vitaminas concentradas, «electro casei», bífidus y demás virguerías químicas nos preservarán el interior, y un intenso bombardeo comercial nos convencerá de que podemos estar continuamente activos. Tendremos cuarenta, sesenta, ochenta, pero seguiremos en los veinte. Saldremos de viaje, trotaremos, bailaremos, trasnocharemos y volveremos encorvados pero alegres, arrastrando achaques, collares y maletas. Todo es cuestión de actitud. Estaremos arrugados, pero estiradamente; derrengados, pero disimuladamente;

achacosos, pero no aparentemente. Tendremos ochenta de años, pero veinte de atuendo; estaremos cojos de cuerpo, pero no de intelecto; y si carracas de intelecto, nunca de talante. Agitaremos nuestras veinte octogenarias primaveras a ritmo de anuncio. No habrá límites para nuestros huesos recalcificados, nuestras articulaciones relubricadas, nuestra piel rehidratada y nuestro pelo reimplantado. Se acabaron las cuchufletas de los chavales, sus miradas por encima del hombro, su insultante conmiseración. Seremos todos unos y los mismos. Lo dice la tele. Lo exige la moda. Lo permite nuestro vacío. Tendremos ochenta, pero tendremos veinte.

Los congraciantes

Llamaremos congraciante al individuo que no intenta caer bien sino congraciarse; al sujeto que no considera suficiente su personalidad lironda para que lo aprecien los demás y añade como adehala un manojito de humillaciones; al desgraciado cuyo complejo de inferioridad es tan gordo que aliña su relación social traicionándose a sí mismo. La escasa personalidad y la inteligencia roma producen congraciantes, perrillos cobardes que se tumban patas arriba y sueltan el pipí del miedo ante los perrazos gordos y despóticos que suelen ser muchos de sus congéneres. Algunos congraciantes hacen chistes fáciles, chistes malos, chistes a voleo traídos por los pelos. Otros, en cambio, buscan el arrimo del chascarrillo sicalíptico, siempre obtuso y reiterativo. Y los más dan cabezadas de mulo –quiérese decir que asienten como palomos, pero con una sonrisa estúpida y unos ojillos cómplices vaya usted a saber de qué– a cualquier subnormalidad pronunciada en el grupo cerrado y generalmente lleno de tontos al que pretenden agradar. No importa lo sonoro que sea el rebuzno: el congraciante no hace ascos a ningún truño verbal. Todo todo lo aprueba; todo lo aplaude; a todo sonríe con una mueca boba que más parece sufrimiento por las contorsiones de su conciencia que alabanza natural. Porque los congraciantes no lo pasan bien. Están a disgusto con su autoabdicación permamente. Sufren a cada falsificación que se infligen, ven las estrellas con los pinchazos de su apocamiento y sienten crujir su personalidad al apretarla con el corsé del pánico.

No es malo socializarse. La sociabilidad es humana. Lo malo es hacerlo de una manera tan lastimosa, tan encogida, tan acoquinada. Los congraciantes enrarecen el ambiente con el sumifigio apestoso de la falsedad, aumentan la hipocresía con sus consentimientos timoratos e intensifican el aislamiento de las almas nobles. Pocas cosas hay tan perniciosas como los congraciantes. Observadlos a vuestro alrededor, tan populares, tan integraditos, tan a favor de corriente, tan en consonancia con el discurso en boga, tan anuentes, tan beneplácitos, tan abolidos, tan arrastrados. Incluso los hay que se vienen arriba con el primer éxito y se abrazan patéticamente a la ordinariez que un día les aplaudieron. La repiten continuamente sin acertar a soltarla, estancando su repertorio, acomodándose, repitiéndose y encasillándose. Son los congraciantes anquilosados, de piño fijo y súplica empalagosa; los amoladores, los chinchorreros de la congracencia; los que nunca se arriesgarán con una chirigota nueva.

Qué lástima dan los congraciantes, tan arrebujados en el grupo ganador, tan complacidos con la protección del rebaño, tan mistificados, tan ilusionados, tan engañados, tan imbéciles y tan solos.

Los endemoniados

Puede que usted no lo crea, pero sigue habiendo endemoniados. A pesar de que ya no se utiliza este vocablo proscrito, ni es posible rehabilitarlo en esta sociedad gregaria y relativista que nos envuelve, sigue habiendo tantos endemoniados como antes o más. Algunos irrumpieron hace unos días en varias iglesias, a instancias del maligno, para destrozar las imágenes y los altares. También allanaron otras, hace unos meses, verbalizando su posesión demoníaca con *graffitis* del averno. Y aunque se les llama vándalos, gamberros o salvajes, lo cierto es que son los mismos endemoniados del Nuevo Testamento, aquellos que los diablotes hacían correr desnudos entre las tumbas o revolcarse por el suelo echando espumarajos. El astuto belcebú, que gusta de okupar cuerpos mal guardados y perturbar almas anémicas, que sabe más por viejo que por otra cosa, no ha cambiado el método en dos milenios. No le ha hecho falta porque las carencias de antaño eran las de ahora y viceversa. El ángel caído tienta en general, pero sólo entra en particular, hincando el pendón del abismo y escriturando el terreno, allá donde se ha licenciado a la guardia, se han derrumbado las almenas y ha desertado el criterio.

La figura del endemoniado no pertenece a un tiempo concreto; la enajenación satánica no es un achaque privativo de cierta época, sino una enfermedad endémica del hombre, una infección sulfurosa que acecha peligrosamente al ser humano cuando abandona su dimensión espiritual. Recórrase la historia y se descubrirá en ella una cáfila de «ilustres» endemoniados que, sin embargo, siempre serán los menos. La nómina gorda, el aterrador elenco lo constituyen los endemoniados anónimos, los endemoniados rasos, el surtido incógnito de los endemoniados vulgares; una multitud ingente que perpetra sus desatinos autodestructivos ante la escasa platea del vecindario, a la vista de algún transeúnte fortuito e incluso en la más perra soledad.

La ensordecedora catarata informativa que nos aturde a diario lleva entreverada, sin que nos demos cuenta, la crónica del endemoniamiento; un sartal de sucesos que son, en realidad, noticias de los endemoniados contemporáneos. No nos dejemos engañar por los cambios de nomenclatura ni por las correcciones políticas: los endemoniados existen hoy como existieron ayer, y su número guarda, como es costumbre milenaria, relación inversa con el índice de la espiritualidad colectiva.

Los otros indeseables

No son los indeseables convencionales, los de toda la vida, esos que son indeseables por malos, gamberros o maleducados. Los otros indeseables no tienen maldad ni practican estilo alguno de gamberrismo, y nunca son maleducados adrede sino por pura falta de mundo. Tampoco se los encuentra uno en grandes ocasiones o en lugares inusuales. Lo normal es tenerlos cerca e incluso cerquísima. Tanto, que algunos individuos han asegurado ante varios testigos haber conocido casos en la propia familia, lo cual, por descabellado que parezca, no es en absoluto inverosímil. Porque se trata de una variedad muy poco vistosa de indeseable; una índole subrepticia, sigilosa y traicionera que sólo se percibe claramente cuando ya se ha encaramado a la chepa de su víctima. Es, por ejemplo, aquel que se imagina dueño de la verdad en temas prosaicos como poner la mesa, decorar una estancia, vestirse para la ocasión o adoptar el tono adecuado. Es el burgués diminuto, escuchimizado, el «noble» aldeano que mereció la mofa de

Balzac en *Los campesinos*. Es el que considera las costumbres que ha heredado como el patrón infalible que todo el mundo habría de seguir; el que se complace de su bienestar; el que mira por encima del hombro a quién considera oportuno; el que «sabe» cómo educar, cómo relacionarse y con quién, lo que interesa y lo que no. Una clase de indeseable que decreta sobre las minucias e intenta imponer su criterio a los demás a base de insistencia, de porfía y de perseverancia; de una tenacidad suave pero irreductible, azucarada pero implacable que lo hace odioso. Cualquiera puede reírse del que pretenda obligarlo a cambiar de ideología; sin embargo, la pesadilla de llevar a caballito un rey de la cominería resulta horripilante. Son los otros indeseables, que acaban sus días en completa soledad, compadeciéndose de sus pobres congéneres, tan ignorantes y contumaces, tan débiles, tan vulgares; y preguntándose por qué les huyen. Los indeseables de lo cotidiano pueden acongojarse y hasta llorar a causa de la desafección que inspiran, pero jamás abdican su corona minúscula. Siguen importunando en cada nuevo encuentro; siguen dando la tabarra; provocando antipatía; ejerciendo su insoportabilidad recoleta, familiar y absurda.

Hablando con tontos

Vamos, admítalo. ¿Para qué negarlo? A todos nos ha pasado alguna vez. Todos hemos hablado, en un momento u otro, con un tonto. Así que no le dé vergüenza y confiéselo. Al fin y al cabo el tonto no es usted, sino el otro. Un tonto de verdad o alguien mucho peor: uno que se finge tonto. Porque no me dirá usted que no ha pedido nunca un aumento de sueldo y le han salido con la falta de respeto, chabacana donde las haya, de mencionar el salario de su esposa; o que no ha realizado una simple sugerencia y le han llamado chantajista; ni pretenderá convencerme de que nadie le ha preguntado por su historia y luego, mostrando un desinterés absoluto por ella, le ha importunado con otra. Es inútil disimular. Usted, como yo y todos los demás, ha sostenido conversaciones con tontos que respondían sistemáticamente cosas totalmente ajenas a las que usted se refería o a las que intentaba llevar el debate; gente bisoña, en el mejor de los casos, o tonta perdida en su mayoría; sujetos con ideas fijas o con objetivos de pura conveniencia; tipos aparentemente inteligentes pero en realidad simples coleccionistas de lugares comunes; personas de razonamiento misterioso, absurdo y desconcertante, que desprecian al prójimo espurreándole sin piedad con evasivas descabelladas, ocurrencias lamentables, exageraciones palmarias o tergiversaciones clamorosas; individuos ignorantes y alambicados que hablan otro idioma con el mismo léxico del nuestro. Escárbese las circunvoluciones de la mollera; bárrase los recovecos del cráneo; haga memoria y verá cómo encuentra más de una escena como las que le digo. Usted propone cierta cuestión, señala tal asunto, y el otro inicia el diálogo para besugos. Va recordando, ¿a que sí? Ya le digo que son legión, y que a todos nos han tundido el sentido común con su incoherencia. Son mentes de piño fijo, inexpertos empedernidos, timoratos con poca personalidad que mantienen la injusticia para no malquistarse con el grupo. Y fíjese bien, observe atentamente y notará que semejantes miopes acostumbran a ocupar puestos de dirección. Paradójico pero cierto. Quizá la estulticia está más extendida de lo que parece. Quizá la lógica, el criterio y la nobleza están siendo relegados a la marginalidad por culpa de la superpoblación de tontos.

Gerontofobia

La última chuscada en materia geriátrica propone que los viejos, para evitar la soledad, organicen por su cuenta una especie de comunas; que formen grupos para compartir alifafes y decrepitudes; que se acompañen y se atiendan unos a otros en extrañas ciudadelas del ocaso, apartadas del espejismo de juventud eterna en que se halla inmersa la sociedad. Es una invitación al autoexilio para la chochez y el desmoronamiento. Sin pellejos marchitos, ojos llorosos, huesarrones anquilosados ni angulosidades corporales a la vista, el engaño de la pubertad inacabable gana poder de sugestión, aunque la cosa va más allá de la mera estética: tampoco hay tiempo, en la estúpida y absorbente vorágine cotidiana, para dejarse aleccionar por la experiencia ni para cuidar a los padres, de modo que una vez cruzado el umbral de la senilidad no quieren dejarle a uno más horizonte que ingresar en algún redil de carcamales. La idea es combatir el aislamiento valetudinario formando cuadrillas más o menos homogéneas y completamente autosuficientes. Todo está calculado menos las consecuencias, perfectamente previsibles, de la incapacidad humana para la convivencia. Resultaría hilarante, si no fuese tan triste, imaginar tres o cuatro matrimonios vetustos, juntos en una casa, experimentando el amargo popurrí de asperezas, tiranteces y encontronazos que conlleva la vida en común; o seis o siete solterones nonagenarios moliéndose a palos, zahiriéndose a dicterios, arrancándose las barbas y poniéndose perdidos de mordiscos y escupitajos. Así que fundar falansterios para vejancones no sería una solución, a no ser que los cálculos de la gerontofobia general, de donde ha salido la ocurrencia, sean menos negligentes de lo que aparentan. El maquiavelismo, en estas cuestiones, no es un factor desdeñable, y puede que las probabilísimas pendencias entre matusalenes formen parte del plan; que la gerontofobia pretenda un geronticidio con visos de accidente. Si los abuelos van apiolándose no quedarán más que jóvenes, y la mentira parecerá verdad. Una juventud colectiva y permanente. Un planeta sin viejos, o con los viejos en reservas invisibles de donde los años y las trifulcas los van sacando rapidito con los pies por delante.

Azotacalles

Las calles van llenándose de azotacalles. La hora del azotacalles, que suele ser entre vespertina y nocturna, va estando más concurrida, y aparecen azotacalles nuevos a horas tan inusitadas e intempestivas para un azotacalles como la media mañana o la siesta. El azotacalles ya no es un tipo marginal, desdibujado, sin biografía, espectro que sólo se conoce de vista –de verlo azotando calles a su hora–, sino alguien muy concreto, con historia propia y hasta referencias. España es hoy, más que nunca, un país de azotacalles. Proliferan por doquier, agitados o premiosos, neuróticos o resignados, pero todos azotando calles a destajo, simultaneando el pateo furioso con la rumia obsesiva, morbosa, de inexistentes porqués. Los nuevos azotacalles desfilan con brío para sentirse menos parados, al tiempo que meditan sin descanso por qué lo están. Hay un ejército de azotacalles meditando, haciendo psicoterapia en los bares, reinventando los mentideros y llegando a la conclusión de que no es culpa suya estar sin empleo; una multitud ingente de azotacalles –pinrel desbocado y cerebro febril– con tiempo de sobra para hojear la realidad y darse cuenta de que su circunstancia es un condimento más en el pantagruélico banquete político; de que a nadie le importa realmente que no les quede subsidio y anden azotando calles para descargar la decepción, la frustración y el desengaño acumulados; de que mientras ellos desuellan aceras la clase política sigue asignando pingües prebendas a los cargos públicos que fueron, practicando el «es» para el recorte social y el «será» para el burocrático, centrando la voracidad en la plebe, recolocando prebostes e inventando cargos fantasmagóricos para cualquier pinchaúvas con hoja de servicios al partido.

El nuevo azotacalles, ruador despeado, ve pasar junto a sí el coche oficial del exgerifalte y percibe, por un lado, el pastón que desaparece por el sumidero de la sinecura «oficial»; y por otro, que habrá de ponerse medias suelas para continuar indefinidamente su trote frenético. Es un azotacalles que va tomando conciencia de la situación, y se le agria el carácter: ya va estando harto de tanto callejeo, de tanto ir y venir, de tanta calle arriba y calle abajo, de dar vueltas a la manzana, de tirar del carro sin que los postillones de turno tengan siquiera la delicadeza de ponerle una zanahoria delante. El azotacalles de nuevo cuño siente las azotaduras de la crisis, y la impotencia le hace divagar azotainas y escarmientos que no puede –ni en realidad quiere– poner en práctica. Todo su coraje se acaba resolviendo en una mirada sombría y un redoble de azotes al pavimento.

Con el paso de los días, los nuevos azotacalles aprenden a encontrarse rasgos característicos, a reconocerse mutuamente y a descubrir las propiedades lenitivas que tiene formar parte de un grupo. Esta copiosísima remesa de azotacalles constituye una marginalidad más que incipiente, un sarpullido social causado por el exceso de cinismo administrativo. Habrá que buscar en serio una vacuna, porque los azotacalles, absortos en su paroxismo pedestre, no entran en las tiendas.

Las barbas hodiernas

Como la moda es volver, lo que ahora vuelve son las barbas. No habían vuelto –un regreso serio, un regreso auténtico, un regreso con mayúsculas– desde la séptima década del siglo xx, cuando volvieron como norteamericana vitola *hippie* para extenderse luego entre las clases medias bajas, las clases medias medias y las clases medias altas –esa gradación en clases que siempre hay en las clases– de todo el mundo. En aquel momento las barbas volvieron variadas, como siempre lo han sido a lo largo de la historia, y había barbas largas y barbas cortas, barbas ralas y barbas tupidas, barbas aterciopeladas y barbas hirsutas, barbazas úrsidas y barbitas delicadas, prodigios capilares y sutilezas ornamentales, jardines franceses y frondosos descampados españoles. Ahora, sin embargo, las barbas han vuelto de nuevo pero de manera distinta; no ha sido una puesta de moda corriente, sino peculiar, porque sólo ha vuelto un estilo de barba, y no consigo decidirme sobre si regreso tan monótono se debe al desolador gregarismo ambiente o a la miseria imaginativa producida por el implacable audiovisualismo generalizado. El caso es que únicamente han vuelto, como si en lugar de una moda fuera el signo de una época, las barbas de chivo, la pilosidad facial contundente, feraz e inculta, sin artificio y sin dibujo, las barbas de gran formato y alto gramaje, las barbas de trapío con que ataviaban el rostro los grandes personajes bíblicos. La calle viene repleta de barbas que no dejan claro si exhiben o si ocultan, pero sí que prescinden absolutamente del adorno entre sus objetivos. Estas primeras barbas del siglo xxi carecen por completo de simbolismo estético, y se quedan en pura figuración cavernícola. Barbas enormes, desordenadas, libres; barbas expansivas, inarticuladas, desproporcionadas; barbas impetuosas, desbordantes, intimidatorias; barbas ostentadas como sabueso de nini –muestra o sucedáneo de la fuerza física–; barbas a montones; barbas a granel; barbas porque toca; barbas de patrón único, levítico y pentateuco. No ha regresado la barba en general, sino la barba concreta del Antiguo Testamento; la barba profética y patriarcal, aunque la cara en que se deje crecer tenga poco de patriarcal y menos de profética. Los maduros adolescentoides han querido ponerse un disfraz imponente que les queda grande, porque hace falta la *terribilitá* del *Moisés* para llevar con decoro la barba del *Moisés*; de modo que no resulta descabellado temer que la barba que vuelve sea mucha barba para los mentones en que se luce. Más bien parece que se intenta cubrir la proliferación del infantilismo crónico mediante un exceso de dignidad pilífera. Las nuevas barbas, en consecuencia, son barbas compensatorias, barbas infundadas, barbas para el disimulo; un parche más en la corambre decadente de la sociedad contemporánea.

Yo seguiré, por si acaso, rasurándome con esmero.

Los padres duplicados

No quedan abuelos. Han desaparecido aquellas personas entrañables, de vida sosegada y talante permisivo, que daban el contrapunto a sus hijos y sabios consejos a sus nietos. Ha cambiado el concepto de abuelo, y el cambio de concepto ha traído el cambio de la especie. Ahora en lugar de abuelos hay padres duplicados; padres que lo fueron a su tiempo y que son obligados a volver a serlo; ancianos que duplican su paternidad pretérita para suplir la paternidad ninguna de sus vástagos; padres forzados; padres por segunda vez; galeotes de la paternidad que bogan, encadenados al banco del cometido ajeno, rumbo al colegio, rumbo al gimnasio, rumbo al supermercado, rumbo a la farmacia y rumbo a la guardería; sufridos repadres con la semana saturada y el fin de semana rebosante de mocos y babas, de cacas y rabietas, de tiras y aflojas, de duchas y coladas, de cenas y estrépitos: de tareas enervantes por extemporáneas; padres facsímiles que, paradójicamente, son más antiguos que los padres originales y, por tanto, menos resistentes a la hiperactividad y a la indisciplina de los hijos de sus hijos.

Los padres originales, en medio de su obsesión por la juventud perpetua, de su ceguera emperejilada y pizpireta, de su paroxismo laboral y festivo, conservan todavía un resto de juicio, un algo instintivo que les mueve a trasladar los polluelos al nido habitado más próximo; y los abuelos, achacosos pero aguerridos, deteriorados pero voluntariosos, cascados pero más duros que los eternos pimpollos en que se han convertido sus herederos, apechugan con la repetición de las reconvenciones, las nutriciones, los deberes, los juegos y los insomnios de los viejos tiempos. No hay tregua para los padres duplicados. No hay descanso. Lo suyo es a tiempo completo porque lo de sus nietos es una semiorfandad, un piar ininterrumpido y estridente que nadie acalla. Los padres huyen; y los abuelos, que quisieran ejercer su presente, han de repetir su pasado.

Teoría de las espaldas

No es una cuestión política, ni legislativa, ni judicial. Es una cuestión puramente humana, una reacción atávica, un instinto. Al español que rebasa los cuarenta se le rechaza para trabajar igual que se le rechaza para novio: por viejo. Uno puede hablar como a los treinta, vestir como a los treinta, conducirse como a los treinta, forzarse a pensar como a los treinta, y el prójimo simulará que se deja engañar, pero sólo si la caridad le sale gratis. En cuanto el provecto joven, animado por el efecto de su trabajadísimo disfraz, extienda la mano para pedir un empleo, las caras –automática, instantáneamente– se convertirán en espaldas. El parado cuarentón o cincuentón –del sesentón mejor no hablemos, porque tampoco se trata de arrancar lagrimones al respetable– está perdido porque tiene mucha gente delante y muchísima detrás; porque no es anciano pero tampoco mozo, sino de «mediana edad» –la peor edad, por mucho que se afirme lo contrario a instancias de intereses diversos y generalmente malintencionados–; porque su aptitud y su experiencia son engullidas, en cuanto las ofrece, por la selva de lozanías ilusionadas, de titulaciones rutilantes y de vejestorios con influencia. Al español de cuarenta y cinco, de cuarenta y nueve o de cincuenta y siete no se le supone adecuado para empezar nada, ni tampoco útil para un puesto con cierta proyección. Al parado español de mediana edad no se le considera: únicamente se le prejuzga. Los recién titulados ven empresarios; los carcamales con enchufe ven amigos; pero los que atraviesan la madurez en paro ven espaldas. El mundo se les desmenuza en espaldas a millares, y cada espalda es un mundo. Espaldas inesperadas, espaldas descomunales, espaldas a traición; espaldas inverosímiles, espaldas inauditas, espaldas insólitas; espaldas previsibles y espaldas imprevistas; espaldas bochornosas y espaldas lacerantes; espaldas arriba y espaldas abajo; espaldas a la derecha y espaldas a la izquierda. El español que se queda en paro mientras rompe su cuarta o quinta década no tiene ante sí más que la pesadilla de las espaldas o las espaldas de pesadilla.

Repolitizar

Hay una campaña de politización o repolitización social, un afán de ideologizarnos o reideologizarnos, una fiebre de tertulias y debates, de análisis y comentarios, de trilladuras argumentales y rebañaduras indagatorias. Hay un delirio de los políticos y de sus rémoras para que la gente se preocupe otra vez por la política; un afán de que lo administrativo protagonice las conversaciones; un empeño acérrimo por devolver el vecindario al ágora. Cierto periodismo y cierta política se han puesto a temblar ante la indiferencia descomunal que las nuevas generaciones –y gran parte de las viejas– dispensan al asunto público; ante la estampa sobrecogedora de la obsesión general por el ocio, la gastronomía y la vida loca, y han inundado el ámbito comunicativo de interminables coloquios, de gigantescas pescadillas dialógicas que se muerden furiosamente la cola televisiva, radiofónica o digital. El mundo político se ve pasar de moda y nos echa encima un redoble de politiquillas y politicuelas, de politicuchas y politicazas, de politicurrias y politiconas; un inmenso berenjenal de dimes y diretes, de orgullos heridos, vergüenzas disimuladas y trifulcas amplificadas; una ensordecedora turbamulta de cacharrazos y cencerradas con el único propósito de hacerse notar. El mundillo informativo, por su parte, se ve sin audiencia, condenado a la historieta y al cotilleo, al suceso y al sensacionalismo, y nos rocía con elucubraciones asombrosas, implicaciones fingidas, adhesiones inquebrantables, traiciones manifiestas, paradojas inesperadas y piruetas indescriptibles. Unos y otros aventan a resuello puro las brasas de la ideologización social que fue, pero solamente logran enrojecer un poco el exiguo rescoldo y, atarugados por la hiperventilación, proferir desatinos e incoherencias. Nos quieren politizados como la hostelería nos quiere hambrientos.

Debemos consumir al menos cinco raciones diarias de ideología para mantener el negocio de los partidos y de los medios; cinco ruedas de prensa y cinco interpretaciones al día para que no se caiga el armatoste de la sede y la unidad móvil, de la dependencia oficial y la exégesis profesionalizada. El desinterés colectivo, sin embargo, va en aumento, y la prueba es que la política, reflejo de la sociedad, se llena de saltimbanquis y de bufones, de irresponsables y de granujas, y en los medios florecen los desaprensivos que manejan la mugre con una flema estremecedora.

Sirgador de noche

Cuando la esposa ronca, el marido tira de la manta; y hay momentos buenos en que un leve tirón, un tironcito, el simple juego de muñeca basta para salir del paso. Aunque lo cierto es que tales momentos no abundan. Es más frecuente que haga falta un estirón sostenido, largo, de trayectoria generosa; o una serie de sacudidas intermitentes, nerviosas, tectónicas, cargadas de impaciencia y, para qué ocultarlo, de cierta furia. Entonces reacciona el oíslo, hay cambios, tambaleos y estertores en la erre sostenida; resoplidos y, si la suerte acompaña, una interrupción, siquiera temporal, del acompasado fragor. Un alivio que, desgraciadamente, no es definitivo: el ronquido regresa, imperceptiblemente, como un retumbar creciente y aterrador, hasta que alcanza de nuevo el rebuzno primero. El rebuzno estrepitoso, desvergonzado, atávico e inocente que suele ser el ronquido. Llegado a este punto, al marido no le queda otra que descartar el sueño y emprender su oficio paralelo y secreto, su trabajo nocturno, su pluriempleo como sirgador de noche. Aferrar la manta con las dos manos y arrimar el hombro; estirar tenaz, derrengada y obstinadamente; arrastrar el ronquido por el canto del camastro como el sirgador arrastra la barcaza por la orilla del río; con la misma resignación, la misma tristeza, el mismo fracaso y la misma depauperación que pintó Repin en los del Volga; con idéntica sordidez, idéntico andrajo e idéntico extravío en la mirada. El sirgador nocturno estira ya sin esperanza, como el jamelgo matalón, el penco viejo, la burra desfondada o el maratoniano que cobró afición pasados los cuarenta. Pero aun así estira sin tregua, denodadamente, más allá de cualquier temor e incertidumbre; tira por su dignidad, por su honrilla y por ese ir tirando que siempre será mejor que rendirse del todo, con la sirga en la frente y los ojos abiertos, vidriosos y fijos en la negrura del aposento y el destino. El sirgador de noche puede ser banquero, mecánico, agricultor, marchante o político de día; puede ser de todo porque de la sirga se libran pocos; tan pocos que incluso hay quien ha oído hablar de rentistas, de auténticos caballeros despreocupados, que sirgan por las noches que da gusto.

Dinero negro

Urge revisar el concepto de «dinero negro». Hemos ido tirando hasta hoy del significado convencional –que lo asocia con el delito, la insolidaridad, el fraude y la picaresca–, pero ya no sirve: su obsolescencia se ha consumado con las últimas medidas anunciadas por el Gobierno para combatir el déficit público. La sisa fiscal en España es ahora tan singular, tan dispar, tan otra cosa de la practicada en los demás países europeos que necesita una redefinición completa para expresar todo su casticismo. Porque defraudar al erario ya no es aquí un deporte, un ejercicio de avaricia, una pirueta rapaz, sino un reflejo defensivo, un instinto, una manera de llegar a fin de mes. El tándem Partido Popular-Patronal, que ya intentó sin éxito majar a los asalariados con el mortero de los minitrabajos, ha encontrado una fórmula rotunda: cercenar pronto el subsidio a los parados con objeto –dicen– de incitarles a buscar empleo. Así aceptarán aquel trabajar más y cobrar menos que propuso Díaz Ferrán para salir de la crisis; así podrán seguir cobrando los cargos y carguitos del aparatazo administrativo que hunde la nación, y al mismo tiempo habrá mano de obra barata y sumisa que garantice a los empresarios un buen margen de beneficios. Frente a eso, el español se refugia en sus habilidades naturales y vuelve a ser –Curro Jiménez pecuniario– el guerrillero del visto y no visto, el prestidigitador de la moneda, el saltimbanqui laboral. El dinero negro, en este momento y aquí, no se puede considerar desfalco: es dinero escamoteado al atracador, olla enterrada mientras dura el asedio, ajuar escondido a los invasores. El dinero negro se ha vuelto gris disimulo, verde camuflaje, inocente compensación de la paga extra perdida entre tinieblas ministeriales. Despojemos, pues, al dinero negro de todo matiz peyorativo. La coyuntura lo exige. La verdadera indignación lo reclama. Es tiempo de vivir al margen de la política y la banca, de reivindicar el calcetín bajo el colchón, de protegerse contra la voracidad administrativa y financiera, de forzar la supresión de las diputaciones y las mancomunidades reteniendo el efectivo que necesitan para seguir con la sinecura institucionalizada.

El dinero negro ya sólo es fraude cuando lo mira el estamento prócer. Desde cualquier otro punto de vista es la materia proteica y escurridiza de la dignidad ciudadana.

Corredores de pega

Deslumbrados por el fogonazo del envilecimiento político nos pasan por delante, sin que nos demos cuenta, otros envilecimientos, otras degeneraciones que, si bien resultan menos onerosas, también tienen su trascendencia. Calémonos las gafas de soldador y podremos ver, por ejemplo, hasta qué punto se han desnaturalizado las carreras populares, que venían siendo un deporte sufrido y noble hasta que se han convertido en mojiganga carnavalesca. No es que las carreras populares hayan perdido a los corredores de verdad –los corredores jóvenes, con espíritu de superación y entrenamiento cotidiano–, sino que un aluvión de vejestorios las ha tomado al asalto, que se han visto desbordadas por un tropel de advenedizos incapaces de dar una sola zancada sin disfraz y auriculares. Uno se pregunta por el motivo de semejante avalancha pedestre y solamente puede hallarlo, a partes iguales, en la estulticia pura y en el ansia por disimular lo extemporáneo del impulso deportivo. Porque una grandísima parte del pelotón que anega en jolgorio las líneas de salida está compuesta de cuarentones que pasaron la juventud imitando a Robert Smith en bares, discotecas e institutos; de señores maduros que no corrieron en su momento y que ahora lo inventan; de veteranos que corren como principiantes, que han descubierto las zapatillas deportivas y abrazan la jerga del fondista porque correr está de moda, pero que corren sin ganas o con ganas adventicias. La moda es aparentar ganas, y las ganas no son más que moda. Y la consecuencia es que los corredores de siempre se ven obligados a correr hoy entre una turbamulta de paquetes que trotan alborozados, que gesticulan, que ríen, que hablan sin parar, que se acribillan a *selfies* y se atiborran de avituallamiento. Los corredores de verdad ya no distinguen bien a sus rivales, ocultos entre la maraña de corredores de mentira;

y los organizadores, completamente indecisos entre la pureza del deporte y el espectacular aumento en los ingresos por cuota de inscripción, elaboran ya clasificaciones dobles que permitan discernir entre la carrera oficial y la comparsa *friki*.

Duerme una hora más

Así, en imperativo y a bocajarro, parece fácil. Sólo hay que obedecer. Dormir una hora más. Qué bien. Una hora más de sueño y todo irá mejor. Se acostará uno antes y mañana será otro; cambiará la perspectiva, se transformará el entorno y llegará la felicidad. El enorme aparato burocrático ha encontrado la panacea hecha *slogan*: «duerme una hora más». Pero hay que dormirla. No valen trucos. Fingir en esto sería como hacer dinero negro con los consejos administrativos; como especular con la protección oficial; como defraudar sueño al Estado. No: hay que dormir honestamente una hora más. Dormir con impecable honradez. Dormir en serio. El ciudadano recto y pundonoroso; el auténtico patriota se dejará de cuentos, apagará la tele, pondrá su cerebro en punto muerto a las once y dormirá una hora más. Así mostrará su lado más noble, será solidario con la sociedad a la que pertenece, no traicionará la confianza que se le tiene y encima dormirá desde hoy mismo una puñetera hora más. ¿Para qué rebelarse? ¿De qué sirve dar crédito a las teorías que nos hablan de biorritmos individuales y de costumbres distintas? Quieren engañarnos, abrumarnos con preocupaciones inútiles, derretirnos la mente, hacernos dudar e impedir que durmamos una hora más. Así que ni caso. Durmamos y triunfemos. Consigamos el dominio perfecto. Sigamos el ejemplo de los monjes tibetanos, que duermen y despiertan a voluntad; y levitan; y parten ladrillos a cabezazos;

y matan bueyes a tortas; y agarran hierros al rojo vivo. Si ellos, viviendo en sempiterna monotonía, pueden hacerlo, también podremos nosotros, habitantes de un país que dominó el mundo y fue su hazmerreír en cuestión de cuatro lustros. Al fin y al cabo no es tan complicado. No se trata de vivir sin trabajar, ni de conducir sin carnet, ni de allegar becas teniendo grandes ingresos, ni de lograr a dedo un empleo público, ni de ocupar la casa de otro y que la ley te proteja, ni de pasar nueve horas en la empresa y que cundan como dos, ni de almorzar a las conce y tener hambre a la una y media. Se trata, simplemente, de dormir una hora más.

De padres a guardadores

Los padres han sido siempre los padres, pero ahora quieren llamarlos guardadores, o que unos guardadores hagan de padres, o que alguien guarde a los padres del estrépito de los hijos o a los hijos de la influencia de los padres. Tratan de imponer a la familia un auxilio externo, una figura fría, funcionarial, institucional, con sus ribetes gubernamentales y sus alamares asistentesociales; un pegote postizo, un ministril, un esbirro maldito que la emprenda con el adiestramiento de la sociedad en agraz que son los niños y los adolescentes. La excusa, zafia como ella sola, esclava de las conveniencias y absolutamente proteica, es unas veces mejorar las relaciones paternofiliales, otras prevenir conflictos, y otras compensar lo que se pueda. Pero no cuela. Se ve a la legua que la intención es diseñar a los electores del futuro mediante la conversión de la familia en un ente incompleto, indefinido, temblón, confuso, lleno de huecos donde meter elementos desestabilizadores que la mantengan escuálida, enclenque y, al cabo, inhábil para la crítica y el razonamiento. Se intenta echar sobre las familias el baldón de la incapacidad educativa y endilgarles, a título de ayuda, unos complementos capciosos, unos alguaciles administrativos que suplan la falta y lleven a la prole por el camino de la verdad. Ni qué decir tiene que la verdad, aquí, es un filtro destilado en las mazmorras de la ideología dominante.

Los padres guardadores o los guardadores que harán de padres abrirán o dejarán abrir las mentes de los niños y las llenarán o las dejarán llenar con los desmadres conceptuales, las venganzas historiográficas, las ponzoñas filosóficas, los embustes, los libertinajes y las destrucciones que constituyen la nueva izquierda política.

Hacen falta multitudes dóciles, másas crédulas, votantes entregados que ayuden a conformar las mayorías jacobinas que defenestrarán de una vez por todas a la derecha franquista y ladrona. El momento es decisivo, y las autoridades conscientes de su responsabilidad. Pronto se constituirán comités que nombrarán guardadores, y los guardadores invadirán las familias y fabricarán revolucionarios. O se llamará guardadores a los padres para despojarlos de su título natural; y los padres callarán so pena de multa gorda o confinamiento en celdas de ostracismo. La ley, la ciudadanía, el «pueblo» custodiará las nuevas generaciones para que no se aparten un pelo de lo bello, de lo cierto y de lo ecológico. El adoctrinamiento infantil es la Bastilla contemporánea, y los progenitores el objetivo de la Convención rediviva. Llega el gobierno del Terror, la persecución despiadada y la injerencia cruel, porque los herederos de Robespierre saben mejor que nadie lo que nos conviene a todos.

La nueva revolución se hará con guillotinas de ignorancia.

Chorizo de pobre

Vamos al chorizo de pobre, que va mucha diferencia del que se comió en la postguerra, hecho de pan, aceite y pimentón, al de ahora, que se ha vuelto simbólico. Porque aquel chorizo falso con que daban esquinazo al estómago los que no podían comprar carne fue un autoengaño consciente pero no aceptado. No se conformaba uno con el chorizo de pobre, sino que aspiraba siempre al chorizo auténtico, con una constancia encomiable, hasta que llegó en toda su plenitud. El chorizo, la longaniza y el chuletón de ternera. Se generalizó el nutrimento corporal, y con el regocijo colectivo, el humo de las barbacoas y los vapores de la digestión se fue perdiendo sensibilidad espiritual; de manera que han surgido en el presente nuevas carencias, nuevos vacíos, nuevas hambres con sus nuevos chorizos de pobre, quiérese decir sucedáneos a falta de autenticidades. Hay mucho sucedáneo para engañar las carpantas de nuestro tiempo. La fanfarria futbolística, por ejemplo; el pimentón de solemnidad con que la plebe adereza el pan insuficiente de las emociones deportivas. Frente a la gazuza de arquetipos y respuestas, de manjares con enjundia que sacien el apetito trascendente del hombre, la gente acude al pesebre del futbol para que le arrojen a la escudilla el rancho de los himnos, los coros y el atavismo. Y quien dice mitificación del fútbol dice hiperbolización del espectáculo, culto a la cocina o veneración de la electrónica. Chorizos de pobre que misteriosa, lastimosa, inexplicablemente se aceptan y se degluten sin aspirar a viandas mejores. Hay una resignación al sucedáneo, una indiferencia popular por los mantenimientos de calidad, un rechazo a la doble naturaleza humana: una elementalización. Los hambrientos de la postguerra se daban gato por liebre; los del bienestar, simplemente, prefieren gato.

Se les ha embrutecido el paladar y mastican alborozados la monótona pitanza del gato crudo y correoso, el gato flaco y sarnoso que llena el bandullo pero no alimenta. Es otra forma de miseria: la pobretería de la prosperidad; un apego al figón de mendrugo y vinaza, una inclinación hacia lo emético, un gusto incomprensible por el chorizo de pobre cuando se tiene la despensa llena de bocados exquisitos.

Capacitación paterna

Dígame usted, seor liberalote, divulgador de ambigüedades, acatador de confusiones, postulante de obscenidades, propagandista de libertinajes y apóstol de la ordinariez, si en el tiempo del tiquismiquis y la desconfianza, del carnet y del permiso, del papel timbrado, la titulomanía y el administrativismo absoluto, cuando para todo hay que demostrar aptitud académica y formación certificada, no habría que instaurar un diploma de paternidad con sus cursos previos y sus exámenes, con su temario exhaustivo y su periplo discente, en orden a paliar el perjuicio gordo que los mal educados acarrean a la sociedad. ¿No le resulta paradójica tanta preocupación por nuestro vehículo, por nuestra manera de obtener energía, por nuestro suministro de agua, por nuestro acceso a la televisión y a internet, por que podamos decirnos en cualquier momento y lugar todas las tonterías que se nos ocurran y mandarnos todas las imágenes que se nos antojen, mientras que la indiferencia es total cuando se trata de añadir individuos al padrón? Quizá le ha tomado usted gusto a rebozarse de barro audiovisual, a hozar en la cochiquera electrónica, y el deliquio porcino le incapacita para darse cuenta de las cosas; pero no se preocupe, que yo se las digo: el poder político y económico sólo tiene interés en aquello que sirve como excusa para cobrar un impuesto; por eso no ha exigido ni exigirá nunca ningún peritaje concreto para tener hijos; por eso mira con lupa los coches y las compraventas pero hace la vista gorda en las maternidades. Si usted pasara, como yo, tres cuartas partes del año atisbando por el ventanuco al futuro que son las aulas vería la falta que hace un examen previo a la paternidad, una reválida minuciosa en que se compruebe la implicación, el sentido de la responsabilidad y el grado de madurez en los que aspiran a inaugurar una familia. Es asunto de vital importancia, pero calla usted como callan tantos; desfallece usted; se rinde a la grosería mediática y al gatuperio planificado; se le hace a usted una montaña la reflexión y la protesta; otorga usted. Y la sociedad se llena de inconscientes que la perjudican y se perjudican a sí mismos, de ignorantes embrutecidos, de ilotas indefensos y almas en pena. Si las autoridades no requieren pronto unos estudios oficiales para ejercer la paternidad, y no imponen a los infractores una multa o un cursillo de reciclaje, como los imponen a los médicos de pega y a los conductores que circulan sin permiso, acabaremos pareciendo la santa compaña.

Autoamarillismo

La sociedad se ha llenado, silenciosa pero masivamente, de autoamarillismo; de sensacionalismo particular; de anonimatos insatisfechos que, a falta de resortes adecuados para la fama, pretenden alcanzarla difundiendo irrelevancias disfrazadas de acontecimientos. En el mundo paralelo de *Internet* se considera noticia el viaje del mesócrata, el cumpleaños del don nadie y el arroz al horno del pelagatos. Había una multitudinaria envidia impotente hacia las celebridades, un deseo secreto de ser fotografiado, entrevistado y filmado como son fotografiadas, entrevistadas y filmadas ellas, un sueño inclumplido que ha encontrado aliviadero en la tecnología. El negocio lo sabe, y por eso los aparatos electrónicos han venido a consistir en potentísimos procesadores de imágenes. El tercer estado registra, edita y publica frenéticamente, con toda seriedad, las banalidades de su vida. El vulgo es periodista de sí mismo, informador de su nimiedad, analista de la bagatela. El populacho quiere ser célebre como los jacobinos querían ser nobles, porque la celebridad es la nobleza de nuestro tiempo. Los futbolistas han sustituido a los príncipes y los actores a los duques. La farándula confiere grandeza; y la chusma, en vez de tomar la Bastilla, toma la pantalla y se hace un *selfie* con el archipámpano de turno. Es la nueva revolución popular, que no derrama sangre sino discernimiento. La gente va perdiendo sentido común y rellena el agujero con exhibicionismo. Todo vale para estar en el candelero de los desconocidos, para pavonearse ante la sociedad virtual, para ganarse un puesto entre los *frikis*. El egocentrismo del siglo XXI ha tomado cuerpo entre la galaxia de *facebooks*, *twitters* e *instagrams*. Los inmaduros de la sociedad contemporánea, cuya característica principal –como la de los inmaduros de cualquier época– es la convicción de que la realidad gira en torno a ellos, encuentran consuelo recibiendo votos alfanuméricos y megustas fantasmagóricos, suplicando beneplácitos entre la niebla cibernética y haciendo amarillismo de su vida para que resulte llamativa. En el salón del XIX se ostentaban pieles y plumajes, peinados arquitectónicos y tocados despampanantes; pompa y aparato. En la palestra informática del XXI manda la ordinariez y la zafiedad, el esperpento y la mamarrachada, la grosería y el autosensacionalismo; grandes titulares para naderías, noticiones de lo pedestre y reportajes en profundidad sobre trivialidades absolutas. Cada cual ha fundado en su propia casa un extraordinario centro informativo de sí mismo para dar uso al enorme y totalmente superfluo potencial técnico del teléfono móvil.

Abuelos

Como en España los problemas no se abordan cuando hace falta, sino cuando no hay más remedio, el de la conciliación laboral y familiar no se planteará seriamente hasta que los padres de hoy sean abuelos. Entretanto se pondrá en práctica el variadísimo repertorio de artimañas para el aplazamiento, el inagotable catálogo de maniobras dilatorias que la raza ibérica lleva siglos recopilando. Quiere decirse que nadie hará nada concreto para que los horarios de trabajo se modifiquen mientras exista un abuelo dispuesto a ser padre para sus nietos. Se irá tirando con la docilidad valetudinaria; los viejos continuarán siendo explotados y avasallados por sus hijos, y mortificados, despeados y extenuados por sus nietos; y mientras tales contrasentidos puedan ocurrir, la generación intermedia trabajará y se divertirá como si todavía no lo fuera, escondiendo su madurez tras el biombo del teléfono móvil y aparcando su prole a la sombra de los abuelos. Porque los padres contemporáneos cargan su incompatibilidad horaria sobre los hombros de sus progenitores, en lugar de cargarla sobre los del gobierno. Así solucionan su problema coyuntural, aunque no el problema real. Se va tirando; se va trampeando; se hace un visaje, se suelta un rebuzno, se dan dos coces y el tema queda sin estrenar. Es la infausta costumbre patria, esa renegrida inercia española de la demora, que nos tiene llamando civilización a la tauromaquia, progreso al atraso, educación a la enseñanza y conciliación laboral a la esclavitud senil.

Sin embargo, así como hay problemas perennes, también los hay caducos, y llegará un momento en que será imposible posponer más la cuestión de la racionalidad horaria: será el día en que los adultos del mañana intenten que sus padres actúen como los abuelos que conocieron. Entonces vendrán las negativas, las coacciones, los reproches, las filípicas, los latigazos verbales, el frenesí rechinatorio, el arrancamiento capilar, la enajenación colectiva y el asedio al parlamento, como corresponde al país visceral y convulso que no hemos dejado nunca de ser.

Zoólatras

Llámase zoólatra, o zoómano, aquél que se preocupa obsesivamente por los animales; aquél que les profesa una querencia desmedida, patológica, enervante hasta el extremo de trastocar la propia escala de valores. La zoolatría es un desequilibrio mental como cualquier otro; un desarreglo de la percepción que pone a los animales en el centro de la realidad; un género de ataxia psicológica que va extendiéndose con rapidez entre la sobrealimentada población del hemisferio norte. Aquí el ecologismo tiende a degenerar en zoolatría; la preocupación medioambiental en una unción pararreligiosa que antepone los animales a las personas. El paradigma está en ciertos programas de televisión, cuyos presentadores escenifican disgustos morrocotudos por una sabandija destripada en la carretera o un avechucho abatido al pie de un árbol, aunque la cosa tiene variantes mil en cada estrato de la sociedad. Se rinde culto al animal; se le hace objeto de una sensibilidad excesiva, morbosa, *sospechosa*. Porque la zoolatría no es, en el fondo, fenómeno, sino síntoma; indicio claro de que el hombre de hoy tiene reprimida su esencia más íntima. Cientos de capotes materiales reclaman, exigen, arrebatan y dispersan su atención hasta el punto de que no se reconoce a sí mismo. Ha olvidado el camino a su interior, ha dejado que le oculten a Dios como el objeto legítimo de su espiritualidad, y esto le genera una insatisfacción interna, un desasosiego vital que intenta calmar a base de sucedáneos aberrantes como la zoolatría.

El zoólatra, confundido y aturdido en un mundo competitivo y selvático, busca en la fauna los modelos de comportamiento: admira en las bestias la nobleza, la moderación, la fuerza –la crueldad incluso–, como si fuesen cualidades de índole racional en lugar de instintiva. Su espíritu busca objeto en los animales, y eso hace que los vea distorsionados, falseados, personificados. La zoolatría, por tanto, es una luxación, un descoyuntamiento, una idolatría nueva entre las muchas que constituyen la mengua del ser humano, una evidencia más de la descompensación elemental de nuestra especie. Se quiere vivir al margen del alma y de la consciencia, silenciándolas, coartándolas, cohibiéndolas, y la neurosis no tarda en aparecer. El zoólatra, como el comprador obsesivo y el viajero compulsivo, es un tipo de neurótico, que se duele histéricamente del sufrimiento animal pero no del aborto y la eutanasia; que ha caído en la zoolatría como podría caer en la videncia o en la televidencia: por una ignorancia o un vacío existencial más o menos consentidos.

Ante cualquier conato de zoolatría, desenchúfese la televisión, desconéctese *Internet*, hágase un poco de gimnasia y léase un libro e incluso dos.

Petróleo y *hackers*

Como el petróleo se agotará pero el desasosiego del hombre no, cabe imaginar que un día volverán los dirigibles; y que al no haber plástico redescubriremos las cajas de metal y las botellas de vidrio, tan reutilizables e ilusionantes. Los piratas informáticos incrementarán su capacidad, de modo que para las cosas del dinero irán perdiendo eficacia los trámites electrónicos y se impondrá un regreso al documento en mano, al registro en papel, al cuño tradicional y a la mecanografía fehaciente. Recuperaremos algo de lentitud, y con ella mucho de calma. Esas nuevas generaciones criadas en la confusión del avión con el autobús, en el tratamiento de los envases como producto desechable y en la percepción de la vida como episodio digital volverán al tacto y al reposo, descubrirán un tempo desconocido, sosegarán un tanto la precipitación en que se criaron, y con eso mirarán a su alrededor con ojos distintos. Mucho de lo viejo será lo nuevo; muchos detalles volverán al primer plano; el tiempo se llenará de vida y esa vida se vivirá con tiempo. Con la inseguridad informática y la desaparición del petróleo desaparecerá la vorágine de la simultaneidad, y retrocederemos a la maravillosa relajación de hacer una cosa detrás de otra. El *mindfullness*, que hoy se practica en los gimnasios de la mente, se convertirá en actitud habitual, como lo fue hace unas décadas. Así que la propia fiebre del consumo corregirá nuestros errores y nos traerá la calma. Seremos, a la fuerza, menos caprichosos; volaremos menos y, a cambio, exploraremos nuestro alrededor con renovada fruición; haremos menos transacciones, y esto nos devolverá el encanto de las anotaciones en la cartilla. No será un retroceso, sino una manera de vivir más y mejor, de reconocer la felicidad que hay en las cosas pequeñas y la fiabilidad que nos brindan las manufacturas. Aquí tiene, la constancia de su ingreso, a salvo de *hackers*; y sus imágenes, en celulosa fotográfica, fuera del alcance de chantajistas y otros desaprensivos. El petróleo se acaba. El pirateo adquiere un tamaño descomunal. Y no son, en absoluto, circunstancias negativas. Un horizonte nuevo se columbra en lontananza. Voy a poner a punto mi *Olivetti*.

Alipáparos

La vida en torno, a medida que la sociedad huera va comprando las cajas vacías del relativismo, parece llenarse de alipáparos. Pero que parezca llenarse no quiere decir, en absoluto, que se llene *de facto*. Es imposible llenar una taza que ya está llena, como todo el mundo sabe; y en la realidad que habitamos no caben, de momento, alipáparos nuevos. Quiere decirse que la irreflexión general, el ilotismo rampante, la milnovecientosochentaycuatrización colectiva no han alcanzado aún la intensidad suficiente para que veamos alipáparos en la ortografía, en la formalidad, en la religión o en los buenos modales; ni en el público de los museos, de las conferencias, de las procesiones o del teatro. Sin embargo, hace tiempo que ciertos personajes, desde ciertas madrigueras, tratan de provocarnos tal espejismo, como los matones de instituto intentan esconder su ignorancia poniendo nombres despectivos a los alumnos esforzados y responsables. Hay un afán de hacer pasar la seriedad, el rigor y el sentido común por síntomas de alipaparismo; un uso de las modas para estigmatizar la nobleza y la bonhomía; un encumbramiento de la banalidad y la malevolencia. Los alipáparos de la política, de la farándula, de la enseñanza y de la calle ocultan sus deformidades con otros alipáparos que inventan sobre la marcha; con enormes biombos de falsos alipáparos; con siluetas fantasmagóricas de alipáparos infundados, holográficos, ficticios; con humo de alipáparos que lo envuelve todo en grisura y confusión. En el origen del relativismo está la vergüenza del alipáparo genuino; la rabia y la impotencia del hombrecillo laxo, inercial y sin fuerza de voluntad, que borra las verdades objetivas para validar su pereza y proyecta su mezquindad en los demás para figurar que ha podido arrancarla de sí. Alipáparos los otros. Alipáparos los que no son alipáparos, para que los auténticos alipáparos no lo parezcan. Una triquiñuela desesperada que no surtirá efecto porque los alipáparos castizos, los alipaparotes de siempre, a pesar de su pequeñez y su contrahechura, se distinguen inmediatamente por el intenso y personalísimo tufo que despiden. No colará, por tanto, su embuste, aunque la enajenación electrónica les haya facilitado el trabajo en determinados ámbitos.

Panamá

Al principio fue sólo una noticia como tantas otras, de vigoroso aroma escandalizante y muy intenso poder de difusión; estructurada y con cuerpo, eso sí, pero no más efervescente que cualquier otro caldo medianamente cuidado. Al poco tiempo, sin embargo, empezó a expandirse con fuerza inusitada y tomó unas dimensiones asombrosas: los periódicos llegaban a los quioscos chorreando información de Panamá, los aparatos de radio rezumaban apellidos relacionados con papeles de aquel país, las televisiones traían los informativos hechos una sopa de referencias a Panamá e *internet* venía con los contenidos en infusión panameña.

Todo el mundo tenía o había tenido algo allí, ya fuesen terrenos, acciones, empresas o dinero contante y sonante. Panamá era un manantial de nombres, un Perú de riquezas, un Potosí de listados, una *Commonwealth* del dinero negro, un panal de oportunidades en el que todos libaban o habían libado. Cada día se anunciaban descubrimientos nuevos, hallazgos insospechados, conexiones inverosímiles; tantas que uno, en su ingenuidad, empezó a cobijar la esperanza de que un día u otro su nombre apareciera en alguna lista, documento, escritura, paquete de bonos, carpeta de acciones o legajo de simples participaciones; que la reconstrucción judicial de ciertos papelorios destruidos a toda prisa en la oficina de alguna empresa pantalla descubriese, revuelto entre muchos otros, el nombre de uno; que inesperadamente, sorprendentemente, increíblemente, por una carambola genealógica o una chiripa inexplicable pasara uno a formar parte del interminable inventario de afortunados. Consulté a mis abogados, que se pusieron en contacto con sus colegas ultramarinos para efectuar las pesquisas necesarias, pero nada: yo no tenía ni había tenido nunca nada en Panamá. Ni yo ni nadie de mi entorno; y eso porque, al parecer, en la caterva de nombres que llenan los papeles filtrados a la prensa mundial desde un despacho panameño no hay ni un pobre: todo son ricos; todo son prebostes o exprebostes, petardistas o expetardistas, faranduleros o exfaranduleros. Ahora entiendo el enojo popular; ahora comprendo el interés mediático; ahora puedo explicarme tanto revuelo: los pobres no podemos fundar sociedades opacas, ni abrir cuentas en el extranjero, ni tener testaferros. Panamá, como los enchufes o los momios, es un artículo de lujo para pudientes.

Los viajes de los viejos

Ha sido retrasarse un poco el imserso y ponerse a chillar el comercio como una victoriana escandalizada. El viaje senil es negocio pingüe, y sus beneficiarios últimos no quieren oír hablar de ancianos tranquilos y hogareños. Un anciano que sabe ser feliz con poco es aterrador para los hoteles y las tiendas. Un anciano frugal es un anciano ruinoso, inconveniente: nada *rentable*. El bienestar barato es enemigo del negocio turístico, y los viejos no son una excepción. Se invierte mucho dinero en propaganda social, en presentar la edad provecta como la más activa y la más indicada para obtener satisfacciones materiales, cuando en realidad es la más reflexiva y la mejor para el gozo espiritual. Se vende un mentirusco muy elaborado, en cuya trama el imserso actúa como simple cebo. No es el dinero del imserso el que quieren los hoteles, los restaurantes, los bingos, las tienduchas y las tiendazas. Es el dinero de los viejos. La pensión, las rentas y el dinero negro de los viejos. El imserso es el empujoncito, el ardid, la vaselina en que resbalan las mentes venerables para caer en la vorágine comercial. Se trata de galvanizar a los ancianos y de inocularles falsos deseos para que no conserven la paga. El anciano sedentario no gasta, y eso resulta espantoso para el pantagruelismo capitalista. Se requieren viejos insatisfechos, trasnochadores, ávidos de acción: *fuera de sí*. Hay que sacarlos de quicio, engatusarlos con la fantasmagoría de la eterna juventud, rendir su prudencia con el señuelo del imserso. De ahí que no se tolere ningún retraso en el programa. Fuera sosiegos, meditaciones y recapitulaciones en la tercera edad; que todo sea rotación, traslación y fiebre. Hoy se quiere aprovechar económicamente hasta la postrimería humana, y para ello es necesario convertir al viejo en un culo de mal asiento; hacerle agitar el peluquín en la discoteca, hincar los dientes postizos a las martingalas culinarias y maltratarse la vista intentando ser un Argos, para luego llevarlo a que le adoben las junturas con la terapéutica estrafalaria del SPA. Nadie tan adecuado como el viejo para desestacionalizar el turismo; por eso ha de acabar sus días como un turista más, como un trotón desorientado a quien poder vaciar la faltriquera.

Lloreras que prometen

Uno se viene arriba cuando, a través de la televisión, se le aúpan a la nariz imágenes tan esperanzadoras como la de aquel niño embargado por la emoción al recibir de sus padres una camiseta del Betis y un pase para toda la temporada. Contempla uno la prueba fehaciente de que no todo está perdido en las generaciones venideras; ve uno secarse de raíz todas las dudas que, abonadas con pesimismo, le oscurecían la perspectiva; descubre uno el horizonte alegre de la sensibilidad colectiva que llega, del entusiasmo y el empuje que regresan tras el olvido en que, a fuerza de ausencia, iban cayendo. ¿Quién puede temer ahora la dejadez humana? ¿Quién dará crédito a los cenizos que anuncian una sociedad apática, un apocalipsis de indolencia y de molicie, habiendo niños que se conmueven hasta la raíz del pelo por un obsequio mínimo? Uno imagina, regocijado hasta la embriaguez, lo que puede significar para un chaval así el olfateo de un libro de texto, el tacto de un cuaderno a estrenar, la visión de una mesa repleta de instrumentos para escritura, brillante pradera del conocimiento y el provecho, y sólo puede rendirse a la evidencia de un futuro prometedor. El espíritu de un tierno infante que se anega en lágrimas al verse dueño de una camiseta y un pase debe sobrecogerse necesariamente, debe llorar de felicidad cuando se percibe actor de la cultura; sucesor, siquiera en las primeras bregas y vigilias, de los grandes artífices de la ciencia; cazador de saberes. Considera uno las inagotables reservas de fuerza interior que semejantes niveles de vehemencia revelan y se ríe uno de la voluntad mítica de Ramón y Cajal, de Thomas Edison y hasta del mismísimo Tesla. Estas criaturas que hoy se deshacen llorando ante un pase y una camiseta serán los próximos acrecentadores del progreso humano; los artífices de la nueva Ilustración; auténticos veneros de racionalidad e inteligencia. Y quien dice pase y camiseta dice gorra de Márquez, reloj de Alonso, entrada para Montmeló, autógrafo de Messi o calcomanía de Neymar. En la emoción infantil está el augurio de nuestro adelanto. Así que démonos albricias unos a otros y desterremos la melancolía; porque aquel niño sollozante no está solo: es la punta del iceberg, la primicia de una nueva generación de almas elevadas.

Misterio filatélico

Como el sentido común en los políticos o la verdad en los abogados, las informaciones del proceso por el presunto fraude filatélico aparecen y desaparecen sucesivamente. Son ventanucos que de vez en cuando nos permiten atisbar los entresijos de un embrollo judicial inacabable, inextricable y sumamente paradójico. Porque no acaba de comprenderse la razón de tantos años, tantos folios y tanta maraña para dilucidar los términos de una estafa en apariencia tan simple. Y todavía es más difícil entender el paso previo a la consumación del petardo, el misterio que lo posibilitó: el hecho de que doscientas y pico mil personas invirtieran sus ahorros en un armatoste financiero basado en sellos. Es un misterio parecido al de los millones que se pagan, verbigracia, por los chafarrinones de Miró, de Picasso y de tantos otros; aunque hay una diferencia sustancial: el comercio del chafarrinón cuenta con el factor de la excentricidad, de la fantasmagoría edificada en torno del arte, mientras que lo del sello fue un asunto exclusivamente práctico, un tema de rentabilidad pura, como cualquier operación bancaria. El chalaneo del cubismo ha concernido siempre a gente acaudalada, que disfruta del engaño en aras del capricho, el glamour y otras vaciedades; pero confiar las cuatro perras duramente ganadas a la cotización del sello no tiene fácil explicación. Tarde o temprano se verá que los cuadros abstractos, cubistas y similares no tienen valor alguno; que sus precios fueron pura convención, mero deseo de prolongar la existencia del arte más allá de su agotamiento, pero esto no producirá ningún trastorno en la existencia de sus opulentos dueños. Incluso es probable que no hayan dejado nunca de intuir el advenimiento de una eventualidad semejante. Pero los del sello –¡ay!–, ésos debieron ver enseguida la mohatra; debieron pensar que la filatelia, como ciertos borrajeos de la pintura contemporánea, quedaría un día u otro con la verdad al aire, que perdería en un momento dado la máscara estrambótica, la pátina embustera, dejándoles la economía descalabrada. Por eso, lo de Forum filatélico es, como juicio, un culebrón más largo que día sin móvil o legislatura de izquierdas; pero como actitud humana es un profundo misterio.

Las profecías de Ortega

Urge revisitar el jardín filosófico de Ortega, repleto de profecías en flor y de axiomas políticos y sociológicos con auténtica solera. Porque muchas de sus predicciones ya se han cumplido –la rebelión de las masas, por ejemplo, está en pleno cénit–; y porque muchas de sus máximas, como la que define la clase política como un reflejo exacto de la sociedad que la elige, han alcanzado plena madurez. La clave para entender el retroceso que, según las encuestas, van a sufrir los partidos mayoritarios, tradicionalmente moderados, y el auge de las propuestas radicales de corte revolucionario no hay que buscarla en los análisis de hoy, sino en las profecías de Ortega, que proyectó a distancia, con gran rigor, los indicadores políticos y sociales de su tiempo. El futuro que Ortega entrevió es nuestro presente; los principios que destiló son los que hoy rigen efectivamente la realidad social y política. El pueblo que se muestra escandalizado por la corrupción política es el mismo que se afana por allegar todo el dinero negro posible; el mismo que no diría nada si encontrase por casualidad –dorada ilusión del español medio– un ánfora repleta de monedas de oro; el mismo que roba sin remordimiento los bolígrafos de la oficina y las antenas de los coches; el que halla una cartera con dinero y documentación del propietario y, en lugar de restituirla, se queda el dinero y la vuelve a tirar; el que hace carreras populares mientras disfruta la baja por un esguince de tobillo; el que pone al vecino un pleito sorpresa para sacar la mayor tajada posible. Los políticos no vienen de Marte; salen de la sociedad. Y lo más natural del mundo es que de una sociedad mangante salgan políticos mangantes. El español, como buen meridional, sueña con vivir sin trabajar, y a falta de un cuponazo, una primitiva o un gordo, bueno es el mando. Aquí subir en el escalafón significa trabajar menos, sustituir el trabajo físico por el arcilloso concepto de la «responsabilidad». “Es que tiene mucha responsabilidad”, se dice del que ocupa un puesto importante; y es como decir: “jo, qué suerte, tiene quien le prepare los informes y le haga los envíos”. Es una pervivencia del horror al trabajo manual que nos caracteriza desde mucho antes del siglo XVI.

Nuestra clase política es parte de nuestra sociedad; es un reflejo de nuestra sociedad, y evoluciona solidariamente con ella. Vienen los radicalismos y los anarquismos porque nuestra sociedad se va radicalizando y anarquizando. Lo que auguran las encuestas no es ninguna minucia: es la primera gran manifestación palpable de la crisis ética e intelectual que padecemos desde hace tiempo.

La revolución electrónica

Puedo imaginarlo con la misma nitidez que si fuera una visión del futuro: los libros o los hologramas de historia del año 2300 hablarán de la revolución francesa, de la revolución rusa, de la revolución industrial y de la revolución electrónica. Existirá, como existe hoy sobre las revoluciones anteriores, una historiografía muy variada sobre los cambios que produjo esta última en la humanidad. Y seguro que habrá, junto a los apartados que analicen los grandísimos adelantos que la inmediatez comunicativa supuso para la ciencia y para la economía, uno en que se pondere la debilidad mental que propició y las estupideces que a su sombra cometieron millones de personas. No será una casuística porque la lista de sandeces, a fecha de hoy, resulta ya imposible de recopilar; será un estudio del mal que habrán causado, una exposición de conclusiones generales. Porque lo negativo de la revolución electrónica no habrá sido que mucha gente sintió el prurito de mostrar el plato de arroz al horno que tenía delante, o de filmar una gamberrada y exhibirla en la red, o de hacer tantos y tan descomunales disparates como se sabrá entonces que se hicieron, sino la banalización del hombre, su depauperación espiritual, su materialización, la cobardía en que se despeñó al tener un refugio de distancia o de anonimato. No sabemos hasta dónde llegará el daño de la electrónica en el ser humano, pero podemos intuirlo. Podemos vislumbrar ese tenebroso apartado en los libros o los hologramas de historia. Podemos barruntar un siniestro muestrario de perjuicios, un aciago episodio de animalización, un vergonzoso regreso al simio: la crónica negra de un declive. Los estudiantes del mañana sabrán que inmensas cantidades de individuos, habiendo nacido sanos, vivieron en un estado permanente de idiotismo; que los aparatos electrónicos los condujeron a una subnormalidad absoluta, entendida como la existencia en un rango inferior a la dignidad y las posibilidades propias de su condición. Y albergo la esperanza de que aprenderán también los procedimientos que se descubrieron para sanar de semejante postración: los ejercicios de la voluntad, las maniobras de huida, las vacunas cerebrales o cualquier solución que haya servido para recomponer a los caídos.

Nuestro presente digital será historia social. Nuestra ingenuidad, nuestra desgracia y nuestro marasmo electrónico serán conocimiento sociológico y escarmiento en cabeza lejana. Una parte importante de nuestro progreso engrosará el acervo de los errores útiles, de las mamarrachadas que harán sonrojar a nuestros descendientes y les generarán un rechazo insuperable.

Nada impide, sin embargo, que hagamos un esfuerzo, tomemos conciencia y, en la medida de lo posible, comencemos ya.

La mentira circundante

Vemos, en el mejor de los casos, lo que quieren que veamos. Asistimos, como espectadores, a un paripé, a una representación urdida para nosotros. La mentira nos rodea; la mentira nos envuelve; la mentira nos circunda en forma de opiniones oficiales, respuestas parlamentarias, explicaciones políticas, reducciones administrativas de pega, publicidades, películas, *reality shows* y recibos de la luz calculados a ojo. La mentira nos acosa desde frentes diversos; intenta cerrar el círculo, convertirnos en seres anuentes y acomodaticios, en rebaño productor e ignorante que sufrague las bajamanerías oficiales y que proporcione mantenimientos a la desmesurada y creciente burocracia que segregan los entresijos del poder.

No se habla de lo que pasa, sino de lo que conviene que se crea. Es el doble juego de la política, de las altas –y bajas– esferas del mando, que Gracián sintetizó en su famoso "publican uno y ejecutan otro". La crisis y la indignación social, en tal contexto, son miasmas, pestilencias emanadas de la mentira circundante. Y lo malo es que nos estamos acostumbrando. A la mentira de la política y a las otras mentiras, entre las que descuellan la falsa imagen de la vida que pergeña la publicidad para inducirnos el comportamiento y la trampa subyacente al cine, a las letras de canciones, a los quince emes y al periodismo sesgado. Todas están emparentadas. Todas tienen algo en común: el designio de suplantarnos la realidad.

Es un problema con dos frentes que se alimentan mutuamente: por un lado la confabulación político-publicitario-fílmico-musical, por la que los dueños de lo administrativo y de lo económico pretenden ordeñarnos al máximo; y por otro nuestra pasividad colectiva frente a este ordeño, nuestro culto aberrante y voluntario a la falsa mística del ocio, a los diferentes métodos de huida fácil a que nos invita el gran esbirro de las potencias económicas y políticas, o sea la televisión.

Nos urge, por tanto, a los ciudadanos rasos, buscar salvavidas: criterio propio, sentido común, independencia, fe… Necesitamos, más que nunca, reforzar todo aquello que nos inmunice contra la mentira circundante, patógena y virulenta. Pero el pasadizo a la libertad es más abrupto que la traicionera pasarela del veraneo, el fútbol y demás métodos de fuga momentánea. La vacuna contra la mentira circundante resulta más incómoda y dolorosa: consiste, entre otras cosas, en apagar la televisión, y en sospechar que cuanto nos dicen forma parte de una tramoya perfectamente organizada. Desconfiar, en definitiva, de todo efluvio «gubernativo».

Desde la mentira circundante nos miran con ojos ávidos los poderosos de toda laya, ésos que ya fueron magistralmente retratados por José Mor de Fuentes en el siglo XIX, cuando escribió: "con tal que tengamos muchas secretarías y oficinas, con secciones y subdivisiones, y sueldazos bestiales con alamares y relumbros, poquísimo importa que expire la labranza entera". Sustitúyase «labranza» por «sociedad», y se tendrá la viva imagen, actualizada, de quienes producen y gestionan la mentira caliginosa que nos ciñe la existencia.

La eterna juventud

Pensábamos que la búsqueda loca de la juventud eterna, de aquella piedra filosofal de los antiguos alquimistas, dormía su mona de vanidad y soberbia en la noche de los tiempos, y resulta que la tenemos aquí, entre nosotros, más viva y más chiflada que nunca. Porque no ha desaparecido la búsqueda, sino uno de sus métodos; esto es: que ya no se intenta el chilindrón químico, la reducción milagrosa, el quimérico elixir que inmuniza contra la vejez a quien lo trasiega, pero el empeño persiste a través de otros caminos, diversos e imaginativos, aunque tan estrambóticos o más que la redoma pura y el filtro imposible. La fórmula mágica, el pelotazo esotérico, la cábala desconcertante continúa en la mente supersticiosa y contumaz del ser humano, así que justo después de agotar el filón alquimista, onírico y volátil, se han inaugurado vetas nuevas, más empíricas y más burdas. Ya no se trabaja entre serpentines, matraces, alambiques y miasmas: la nueva alquimia tiene lugar en las tiendas y los hoteles, en las bodegas y los balnearios, en las clínicas y las farmacias, entre piedras calientes, agua de rosas, barro perfumado, incienso, agujas de acupuntura y sabrosuras minimalistas. No hay paciencia para los engorrosos procedimientos de la vieja taumaturgia; se prefieren las inmediateces del positivismo, y en lugar de un bebedizo contingente se agarra una cirugía concreta; y en vez de aguardar el hallazgo de la panacea se opta por comprar el disfraz de pimpollo; y antes de que se invente nada se toma uno la juventud por su mano, y se declara uno eternamente joven porque le da la gana, sin alquimias ni zarandajas. En el pasado se buscaba el remedio polivalente; ahora se busca el capricho precario. La Edad Media quería una juventud auténtica; el presente se conforma con un simulacro, con tal de que sea instantáneo. Todo, sin embargo, es buscar. Todo, con más o menos calidad, con más o menos imaginación, sigue siendo buscar. Todavía se busca la eterna juventud. Todavía se persigue la piedra filosofal. El hombre sigue sin aceptar su naturaleza trascendente y se aferra con ahínco a la falsa consistencia de lo material, donde la vejez es un baldón espantoso y la fealdad un contratiempo intolerable.

La doma

Están incrementándose llamativamente los choques frontales en carretera; pero en los informativos, cuando se da la noticia, se callan las causas. Quizá ni siquiera se indagan. O quizá se trata de una causa tan extendida, tan premonitoria de accidentes futuros, que nadie se atreve a decirla por aversión supersticiosa. Yo aventuraría que son distracciones; distracciones de toda clase pero sobre todo con el teléfono móvil, distracción de moda que nadie denuncia porque no hay nadie sin el vicio de la miradita fugaz ahora que circulamos por una recta y hay poco tráfico.

Dejarse hipnotizar por el dédalo de menús, opciones, tornasoles y golosinas del teléfono al tiempo que se conduce un vehículo es un vicio nuevo aunque tan arraigado que parece viejo y encallecido; un achaque objeto de sorprendentes contumacias, como demuestra el abultado inventario de triquiñuelas que usa la gente para despistar helicópteros, cámaras ocultas, coches de policía camuflados y de-más artificios de las autoridades.

Se invierte, por otra parte, mucho dinero explicando el riesgo de apartar un solo segundo la vista de la carretera, pero no sirve de nada. El móvil tira mucho, y lo verdaderamente peligroso es la manera en que lo hace: nunca basta una miradita, porque posar la vista en el móvil supone que su dueño quiere conseguir algo de una máquina cuyo principal atributo es la dilación; de una computadora sin caminos directos en que para llegar a una cosa debe uno pasar por otra, y para obtener un resultado hay que actuar de una forma determinada. Es un adiestramiento que nos infligen sin que nos enteremos. Ha empezado la doma del ser humano, y no es recomendable recibir ninguna sesión cuando corre uno a gran velocidad por el asfalto.

Cada vez que accedemos al móvil nos refuerzan una rutina, nos enseñan otra, nos hacen ir al paso, conteniendo la respiración, o lanzarnos a galope tendido, cuello enhiesto, pezuñas altas y orejas levantadas. Pensamos que hay miles de personas trabajando en el diseño de aplicaciones que nos facilitan la vida, cuando lo cierto es que todo el armatoste que rodea la telefonía móvil es la inmensa oficina de una cuadra descomunal donde millones de informáticos, psicólogos y sociólogos delinean con espantosa flema secuencias, encadenamientos y automatizaciones que luego nos irán inculcando para uniformizarnos y estupidizarnos. Para domarnos. Estamos tan bien amaestrados que invadimos el carril contrario sin darnos maldita cuenta.

Indignados de pega

Soplan vientos de indignación. La indignación irreflexiva y expeditiva es el arma social de moda, y va ganando terreno al diálogo. Es un signo más del empobrecimiento intelectual del siglo. Porque la indignación, hasta no hace mucho, era la primera fase de un proceso que continuaba con el raciocinio y el argumento; era un primer impulso que solía ser elaborado –civilizado– antes de ser exteriorizado. Ahora, sin embargo, va primando la reacción cruda. Volvemos al atavismo, y el instinto se manifiesta sin el imprescindible condimento especulativo. Todo el mundo está indignado. Todo el mundo pretende conseguir algo mediante la indignación. La calle se ha convertido en una olla de contrariedades, en un hervidero de indignaciones. Pero cuidado, porque, como suele suceder, las hay legítimas e ilegítimas, fundadas e infundadas, honestas y capciosas. Capciosa –capciosa de libro, capciosa paradigmática– es, por ejemplo, esa indignación repentina, ese acceso de solidaridad, esa fiebre robinhoodiana en que arden las hordas bolcheviques rebautizadas como antidesahucio. Capciosa porque su aversión a los bancos y a los gobernantes no existía en tiempos de Zapatero, cuando el procedimiento judicial contra los insolventes era tan cruel como ahora. De modo que su indignación es pura demagogia, puro disfraz de otras ojerizas más elementales y más antiguas.

Y en cuanto a indignaciones infundadas, no se hallará muestra más ilustrativa que la fantasmagórica irritación de los docentes interinos, que claman contra unos despidos que no existen, defienden unas plazas que nunca ganaron, y quieren ver antigüedad y mérito donde sólo hay sustituciones. El interino español –sobre todo el de larga duración– quiere prestidigitar su circunstancia, confundir su condición suplente con un funcionariado en propiedad, y se viste de indignado, aunque no haya fundamento, para ver si cuela. Pero no: la evidencia de su estado eventual es tanta que no hay artificio que baste a ocultarla.

Como puede verse, la indignación ha devenido excusa, coartada, subterfugio, mera sobreactuación falaz de quienes carecen de premisas válidas para defender sus propósitos; una manera de ser antidemocrático sin parecerlo; un palmito decoroso para unas intenciones arteras; una perversión lingüística; una táctica; una triquiñuela social de consecuencias imprevisibles. De todo menos indignación.

Los falsos indignados perjudican a los verdaderos. Menoscaban, con su impostura, la nobleza del honesto enojo; contaminan una realidad a la que no pertenecen. Son indignados de pega, rémoras de auténticas reivindicaciones. No demos crédito, pues, a todas las indignaciones. Pasémoslas primero por la piedra de toque del sentido común; atisbemos por debajo de la tramoya; palpemos la hilaza y descubramos el tocomocho.

Tanto indignado es indignante.

Frikis

Está muy extendida la imagen del *friki* alelado, con antiparras telescopio, indumentaria obsoleta, guedejas grasientas, cutis acnéico, andares perplejos y sonrisa bobalicona. Uno de los clichés más exitosos y más falsos del cine *yankee*. Sobre todo porque resulta difícil encontrar otro infundio más desmentido por la realidad. El *friki* auténtico no es el típico «empollón»; y tampoco es como el Jerry Lewis de *Lío en los grandes almacenes*, ni como el compañero de trabajo de Jim Carrey en *Dí que sí*. El *friki* de raza, el verdadero *friki* es el enteradillo de turno, el que va siempre a la moda, el gregario empedernido que vive sumiso al último grito y uncido a la corrección política. Todo lo contrario del *friki* tipo, del *friki* falso, elaborado en Hollywood y asimilado con fruición por los habitantes de su extenso mercado cultural. Sucede que se ha diseñado una imagen irrisoria del *friki* para que reciba el pitorreo de la plebe, y así resulte más fácil conducir multitudes a la enorme almadraba de la obediencia. Los gobiernos –todos los gobiernos– nos quieren *frikis*, pero sin que nos demos cuenta. Por eso EEUU, meca del comercio, ha inventado un *friki* artificial que constituye un método, una triquiñuela para que miremos a otro lado y no nos enteremos de lo *frikis* que somos. Es más llevadero ser *friki* cuando no se considera uno como tal; cuando se siente uno muy «*in*», y *friki* es el otro. Pero esquivemos la engañifa, palpemos la tela, descubramos el forro: *friki* de pedigree es el que compra lo que no necesita, el que viste según los criterios impuestos por la publicidad, el que opina siempre lo mismo que la mayoría, el que manda *whatsapps* con fotos de su comida, el que reportajea su vida en internet, el servilón, el adocenado, el que no tiene personalidad, el que se comporta como *friki* sin saberlo, fiado en los estereotipos acuñados por el covachuelismo económico; es el hombre-masa de Ortega, más rebelado y más vulgar que nunca. El peligro está en reírse del *friki* –del *friki* apócrifo–, en mirarlo con suficiencia o en compadecerlo: es entonces cuando uno es más *friki*; cuando ha llegado uno a la capital de Frikilandia. Somos víctimas de un espejismo *friki*, de una confusión inducida, de una refracción en que nos comparamos a una quimera y por eso nos vemos «normales». El *friki* cinematográfico es un invento rentabilísimo: compendia en si lo feo de lo *friki*, concentra sobre si la rechifla general, y con ello libera de su carga onerosa las múltiples modalidades del frikismo genuino. El resultado es una sociedad cada vez más *friki*, pero que vive feliz su ridícula condición porque puede lanzar dardos a una estantigua. El *friki* urdido en la meca del cine permite al gentío la mofa terapéutica, la befa paliativa, el choteo anestésico; una catarsis falaz, apoyada en prestidigitación pura; una trampa en que gusta caer porque halaga. Somos *frikis* reales burlándonos de *frikis* ficticios; pobres ilotas a quienes hacen creer que todavía son ciudadanos.

El paradigma Fernández

Pasan dos centurias en una; se atropellan las épocas; recorre uno su vida y el decorado cambia el equivalente a tres; la muchedumbre busca eternizarse dentro del mundo, y como es imposible opta, impaciente, por mundanizar lo eterno. Esta sociedad en decadencia quiere vivir tanto, quema etapas con tanta precipitación que no se da margen para saborear nada; pasa las páginas de la existencia con una prisa digital, con un atolondramiento inaudito, con un ansia febril de cuyas consecuencias hay muchos ejemplos, pero quizá pocos tan paradigmáticos como el de Javier Fernández, nuestro colosal patinador, o el de su amigo y colega Yuzuro Hanyu, que ayer estaban a la vanguardia del patinaje artístico y hoy, sin haber bajado la guardia ni haberse descuidado un pelo, sólo por el frenesí reinante, se ven abocados al destierro en la dimensión de lo pretérito. El *Maëlstrom* de la novedad a toda costa, el abismo del cambio compulsivo ha succionado también al deporte, y ha convertido en efímera cualquier fórmula. El triple *toe* era una primicia cuando llegó el cuádruple, y apenas un patinador arrasaba incluyendo tres cuádruples en su ejercicio llegaron unos pimpollos y elevaron las apuestas a cuatro y hasta cinco. Un esfuerzo de años ardiendo como el fósforo; una luz brillante pero momentánea; un fogonazo y a otra cosa. Nadia Comaneci protagonizó un estrellato duradero; y Carl Lewis; y Michael Jackson; y Rafa Nadal; y tantos otros. Fernández y Hanyu, campeones contemporáneos, han de conformarse con la fugacidad, a pesar de haber invertido el mismo sacrificio que los anteriores. Viven el triunfo corto, el reconocimiento breve, la fama volandera del siglo acelerado. Sus logros ocurren caducando por la misma razón que hizo caducar de repente la lectura en el trayecto y hará caducar en un segundo el fregoteo de las pantallas. Todo se ha vuelto negocio, y el negocio exige mudanza y reforma, transformación y permuta. No se puede parar un instante. No puede haber tregua. Es absolutamente necesario mantener al público en danza, sin darle un respiro ni dejarle reflexionar. El que reflexiona decide, y si decide no es un esclavo aturdido y sumiso, una presa fácil para el negocio.

Nosce te ipsum

Accésit Premio «Ricardo García Requena»
de Periodismo. Jaén, 2004

Imagina, lector, un paraje de silencio y sosiego, enclavado en el pliegue natural de una montaña, al socaire de ventiscas y de curiosos. Un lugar donde las cigarras y el rumor del agua intensifican la sensación de quietud, y donde el aire se purifica con los aromas de las plantas monteses. Imagina un camino; y al final del camino, un puente; y tras el puente, las ruinas casi milenarias de una abadía; y a su alrededor, un molino, dos aljibes, un estanque, los restos de antiguos bancales de cultivo... todo sepultado en agreste vegetación. Es, en conjunto, un perfecto cuadro romántico, apartado de los afanes del mundo, detenido en el tiempo.

Este sitio, que descubrí recientemente, dejó una profunda huella en mi ánimo, al comprobar que simbolizaba mucho de lo que necesita nuestro espíritu, ahogado entre las prisas, los tráfagos y las estúpidas preocupaciones de nuestra época. Quedé por completo prendado de aquella belleza sencilla y maravillosa, que conceptué inmediatamente como síntesis perfecta de naturaleza y acción humana. En este punto privilegiado de nuestra comarca no hay nada que choque, nada que desdiga: las viejas construcciones, deslucidas por los siglos, hacen juego –como cuando fueron nuevas– con las plantas, el relieve del terreno y las alturas rocosas que las envuelven.

Todo esto viene a cuento porque, al regresar de la breve estancia en aquellas soledades, observé con satisfacción que una parte de la tranquilidad allí reinante había quedado impresa dentro de mí, de manera que podía recordarla vivamente.

Creo que fue Montaigne –y si no, como si lo fuera, que para el caso es lo mismo– quien dijo que "la soledad es un estado del alma", frase que me induce a pensar que todos poseemos la facultad de encontrar en nuestro interior un espacio de paz, una dimensión apacible, una región de intimidad serena y alejada de cualquier agitación, sea cual sea el entorno en que nos encontremos. En este mismo sentido decía su máxima el escritor francés, para dar a entender que se puede estar solo incluso en medio de una multitud ruidosa. Montaigne utilizaba esta capacidad como refugio, como huida al interior en momentos de trastorno, pero en sus escritos no especifica qué parte de su interior albergaba su escondite privado. En realidad, ni siquiera sabemos si designaba un «lugar» concreto para este menester.

La idea de Montaigne es muy interesante; lo fue en su época, y todavía lo es más en la nuestra, cuyas circunstancias hacen mucho más urgente la necesidad de calma y reposo. Miles de reclamos, cada vez más llamativos, confunden nuestra atención en una pugna desesperada por conquistarnos la voluntad. Una vía de escape, un camino hacia nuestra identidad, es el que nos abre el noble frances del siglo XVI con su idea sobre la soledad. Una idea que, no obstante, puede completarse con la disposición de un sitio en nuestro espíritu donde se verifique más gráficamente aquel "estado del alma".

Yo albergué en mi interior –no sé si acertada o precipitadamente–, como escenario de intimidad para mi espíritu, el paraje que he mencionado al principio. Y francamente, en los momentos de fastidio, incomodidad o confusión, resulta un alivio –incluso estando entre una muchedumbre– poder acceder mentalmente a cualquier rincón de aquel aislado lugar para encontrarse con la armonía perdida. Puedo asegurar que se trata de un ejercicio muy recomendable.

Nuestra imaginación es un gran espacio donde podemos engendrar y almacenar ideas tan útiles como esta. Conceptos como «entendimiento», «pensamiento», «intelecto», están en nuestra mente, fuera del alcance del mundo... siempre que no nos descuidemos, Porque hoy, más que nunca, estamos en peligro de perder tan rico tesoro. La superficialidad y el «consumismo», no contentos con haber dominado nuestro exterior, se han lanzado a la tarea de arrebatarnos también el interior. Nuestra independencia y nuestro espacio interno –intelectual, espiritual– están sitiados por los espejismos del materialismo, y la única muralla capaz de resistir semejante asedio es la del criterio propio, basado en la elevación y la nobleza de sentimientos.

En el recoveco más escondido, en la última recámara de nuestra mente, estamos nosotros; despojados de las añadiduras del tiempo, concentrados, fuertes, solos, en esencia. Es el aposento del fondo; alejado del ruido exterior; la mejor habitación. ¿No será bueno dedicarse a mantenerla ordenada? Ordenada y, por supuesto, bien pertrechada con la recopilación de nuestras mejores referencias y convicciones, para poder retirarnos allí cuando haya demasiado alboroto en la calle.

Creo que uno de los descuidos más arriesgados que cometemos es el de permanecer abiertos al exterior, sin restricciones, antes de haber preparado nuestro interior. Conocemos muchas cosas, y nos dejamos influir por ellas, pero desconocemos –por desidia– lo que atañe a nuestra substancia. Es hora de revisar ciertas estructuras, porque nos ha tocado vivir una época que pide a gritos la recuperación del antiguo adagio latino: *Nosce te ipsum* –conócete a tí mismo–. Como referencia, baste decir que el mismo Sócrates lo tomó como divisa.

Vamos, admite que te ha gustado.

El descrédito de las leyes

Las leyes no son lo que fueron. Las leyes han perdido enteros. Las leyes pierden octanos como los políticos vergüenza, los porreros neuronas, los profesores autoridad, los bancos honradez y los padres ganas de serlo. Las leyes no significan lo que significaron. Las leyes no se respetan; pero no porque ya no se respete nada, sino porque ya no se sabe a ciencia cierta qué cosa sea eso del respeto. Hemos pasado, en ciertos conceptos, del rechazo al desconocimiento; de la contrariedad existencial a la estulticia relativista, que no cuestiona las cosas para entenderlas mejor, sino para quitárselas de encima y ver qué ocurre luego. Buscamos emociones fuertes para salpimentar nuestra vida insulsa, y hemos dado en probar el gamberrismo ácrata, la ruptura de la baraja, la transgresión expeditiva del reglamento. Hemos dado el salto cualitativo que va del atajo en dirección prohibida y el cobro en negro al sabotaje de obras legales y la desobediencia civil; de la travesura más o menos inocente al cinismo descarado; de la picaresca española de siempre a una insensatez vertiginosa. Olvidamos y por eso no escarmentamos; o escarmentamos pero luego nos olvidamos. El caso es que, sin apenas darnos cuenta, nos estamos cargando las normas en general y en varios frentes concretos en particular. Sin reflexión alguna, sin premeditación; puro morbo de raíz televisiva y sensacionalista; pura inconsciencia; pura irresponsabilidad; salvajismo puro. A la mierda las leyes; a la mierda el sistema, y la educación, y la formalidad, y el respeto, y la convivencia; culminemos la rebelión de las masas; vivamos al día, sin previsión, sin ilusión, y ahoguemos el temor al mañana en cloroformo audiovisual o en la profusa y anodina mecanografía del *smartphone* y el *tuit*. Cubramos la mierda con más mierda. Convirtámoslo todo en un estercolero. Al fin y al cabo la mierda es buena, saludable, nutritiva –que se lo pregunten a las calabazas y a las habas–, y tal como están los precios, no es cuestión de hacer ascos a nada. En este muladar de radicalismos políticos e intolerancias ideológicas que todos estamos permitiendo las leyes molestan; son como rebañaduras encarroñadas, como restos apolillados de un orden antiguo. La inmediatez del consumismo nos ha trepanado el sentido común, y queremos cambiar por cambiar, cambiar mucho y enseguida, sin contar con los demás y sin esperar el turno que nos marca la democracia. Ese nuevo «estilo» de actuación social en cuyo nombre se justifica desobedecer leyes educativas, impedir obras municipales, acosar a los políticos, robar en supermercados y declarar unilateralmente la independencia no es, en realidad, nada nuevo: es el anarquismo vetusto que retorna entreverado de individualismo extremo, la entronización del despiporre y la futesa, la bisutería moral y el encumbramiento de la nonada.

Las leyes pierden crédito en la consideración de una sociedad que, aturdida por su propia desidia y por los capotazos del *entertainment*, ha desatendido la inteligencia y el criterio.

El fin del mundo

Lo malo de las predicciones apocalípticas no es lo que dicen, sino el crédito que se les da. Lo malo del fin del mundo vaticinado por los mayas no es el fin del mundo, sino que la gente se lo cree. Mal está el asunto si una civilización moderna, hipercomputerizada y ciberespacial considera que una civilización primitiva, tribal e ignorantísima pudo echar un vistazo al futuro lejano con alguna garantía de acierto. La era de la razón, el siglo empírico y materialista presta oídos al esoterismo arqueológico; imagina maremotos horrísonos, meteoritos pavorosos y extinciones repentinas; construye refugios y escruta el espacio exterior; proyecta en la pantalla colectiva el individual –y exacerbado– miedo a la muerte; busca la sensación de seguridad que da el rebaño. Sin embargo, es muy poco probable que acabe la historia cuando sólo está empezando; que fenezca la raza humana cuando ni siquiera se ha desprendido totalmente de la prehistoria. El hombre todavía suelta reses en las calles y se hace perseguir por ellas; todavía consulta el horóscopo; todavía provoca peleas entre sus congéneres para ganar dinero vendiéndoles armas; todavía deja que los animales llenen con sus excrementos el espacio público; todavía permite las hambrunas y las aprovecha en su beneficio; todavía está en los albores de la cultura, pero ha dado en pensar que se acaba el mundo. La superstición maya vende hoy como vendían hace doscientos años las cábalas del gran piscátor de Salamanca; como ha vendido en todo tiempo el sortilegio y la nigromancia. El hombre llena el estómago y se aburre. Y cuando se aburre monta un cisco bélico, siembra la destrucción y vuelve a empezar. La guerra marca los ciclos históricos, pero es una distracción tan cruel que necesita ser olvidada para volver a producirse; y como la última contienda mundial fue tan espantosa que sigue viva en muchas memorias, a la masa le ha dado por la fijación apocalíptica. El *armagedón* es un recurso psicológico, una prestidigitación mental para poder anticipar la impresión del regreso al principio, la ilusión de volver a empezar, la euforia del esfuerzo colectivo y del objetivo compartido, que oculta la euforia capitalista por las renovadas ocasiones de negocio. La humanidad no se atreve aún a quemar la falla grande porque recuerda las angustias del último incendio; va por ahí en pequeños grupos quemando fallitas marginales y, últimamente, chutándose la metadona del apocalipsis imaginario. Nadie tendría la culpa de un zambombazo cósmico, y su efecto –según la fantasía telefílmica, cinematográfica y reportajoide– sería muy parecido al de una hipotética tercera conflagración mundial: el planeta perdería población y ofrecería nuevas oportunidades para el exiguo hatajo de supervivientes. La trampa está en que no hay un solo terrícola que se conciba fuera del hatajo.

Pero no: el mundo no se acaba. La única salida sigue siendo afrontar la existencia con parámetros nuevos, desmontar el tinglado capitalista y neutralizar el armatoste político, que se primitiviza y no encuentra otra manera de vasallizar a la plebe que precipitarla en el pánico al cataclismo global.

Manguilandia

Decididamente, la caterva de interpretaciones que se hacen a diario sobre la crisis española no parece tener por objeto descubrir sus causas, ni prevenir sus consecuencias, ni, por tanto, contribuir al hallazgo de una solución. Esta crisis, en los debates y en los análisis, no ha pasado todavía de materia prima para el chismorreo cotidiano, de manduca pesebrera para llenar agenda y mañana veremos. Porque su causa está muy clara, por mucho que los comentaristas y los tertulianos la rehúyan como si fuera el apocalipsis de su oficio; por mucho que a unos y otros les intimide pasar del merodeo por los arrabales de lo evidente, del tránsito por el suburbio del quid para no zanjar la cuestión, de la finta frente a lo cierto porque lo cierto es definitivo, y después de lo cierto se impone cambiar de tema, pasar a otro asunto, y eso maldita la gracia que les hace ahora que dominan el jergazo económico y han conseguido, a fuer de repetitivos, que le resulte familiar a su escasa e infiel audiencia. Lo cierto, sin embargo, es que somos un país de manguis; que lo somos desde que hay pobladores en la península ibérica, y con la máxima intensidad posible desde la decimosexta centuria, cuando nos graduamos de pícaros con un siglo de oro literario como diploma; y que tan ceñida pero jugosa verdad es la única y auténtica explicación de la crisis que atravesamos ahora.

Los hidalgos del siglo XVI, ante la carestía, esparcían migas de pan sobre sus jubones, apariencia pura que utilizaban como señuelo para ir engatusando criados; y los parados de su tiempo cortaban las pocas bolsas que paseaban las calles con algún contenido. Los prebostes del siglo XXI –políticos o no–, ante la crisis, llenan la faltriquera, sacan fortunas de la balsa zozobrante, mienten a destajo y esquilman al vecindario, que se lanza, mitad por tendencia natural y mitad como defensa contra la exacción feroz, a las tinieblas del pago sin factura, la inmersión industrial, el oficio paralelo y el remiendo en horas libres, que son las únicas maneras de sobrevivir en terreno mangui.

Las cámaras de las autopistas, cuyas grabaciones muestran enjambres de mangantes ayudando a evacuar la carga de los camiones accidentados, corroboran el hecho. Y el espectacular incremento de las cosechas nocturnas. Y la falta de regulación en el salario de los cargos públicos. Y las fantasmagóricas recolocaciones de los dirigentes defenestrados. Y las maravillosas bilocaciones de los funcionarios. Y el vario rasero de la justicia. Y la prodigiosa imaginación con que las comunidades autónomas hacen de su capa un sayo.

No: nuestra crisis no proviene de coyunturas ni de mercados: lo nuestro es un amontonamiento crónico de manguis. España es una vorágine de manguis, un *maremágnum* de manguis, un *maelström* de manguis, un aquelarre mangante. Aquí se roba como se vive, se vive como se roba, y la vida es robo. No salimos de la crisis por culpa de la mangancia multitudinaria, secular, endémica y cuasigenética. Bienvenidos a Manguilandia.

El mangui español

Puede que haya sido excesivamente duro con el mangui español. Hace unos días, en estas mismas páginas, lo califiqué de belitre cínico y premeditado; le atribuí las peores cualidades; lo hundí en el chapatal de la picaresca y la sinvergonzonería. Lo examiné desde un solo punto de vista; me obcequé; perdí lo más importante cuando se quiere hacer una valoración ecuánime: la perspectiva. Descuidé la imparcialidad y el rigor, con lo que me salió un artículo apasionado e impulsivo, una soflama que tengo la obligación moral de atemperar. La figura del mangui español exige ser contemplada con poco entusiasmo y mucha sensibilidad; requiere un detenimiento especial, un plus de reflexión que permita descubrir la naturaleza profundamente filantrópica de sus expolios y malversaciones. Porque –digámoslo claro y sin titubeos– el mangui español roba por bondad; por pura, sencilla y voluntariosa bondad. El mangui español castizo no es nunca un pelacañas que, poseído por la codicia, trata de allegar dinero de cualquier manera, sino alguien que goza de buena posición, alguien que se ha labrado un porvenir, alguien que ha «llegado» y, por tanto, que conoce bien el enorme peligro, el terrible riesgo que supone la opulencia para la entereza moral de la ciudadanía. El mangui español ha experimentado en propia carne la voracidad pecuniaria; conoce la resbaladiza pendiente que comunica la holgura económica y la sordidez avarienta; sabe que todo el que traba estrecha relación con don Dinero sucumbe al hechizo y acaba sus días atormentado por una sed insaciable. Por esta experiencia y por el amor que siente hacia el prójimo el mangui español sacrifica su moral por la nuestra, cargando sobre sus hombros –y en su cuenta corriente– la perniciosísima pasta. Uno contempla semejante abnegación y no puede menos que trocar la severidad en benevolencia; y derramar una lágrima de arrepentimiento encima de su execrable artículo, hecho de hiel y ojeriza. Uno se pregunta cómo pudo atacar con tanta saña el altruismo heroico, la inmensa bonhomía del mangui español.

El milagro

Ha ocurrido en España el milagro, el prodigio inesperado, el portento que señalará el comienzo de la transformación del espíritu ibérico: un maletín con dinero –tres mil euros en metálico más un cheque de veinticinco mil–, perdido en la calle, ha sido devuelto desinteresadamente a su propietario. Esto, dicho así, con sencillez y laconismo, sin alharacas ni florituras, no parece gran cosa, pero lo cierto es que supone una revolución insólita. Es la primera vez que nuestro carácter meridional reprime sus impulsos naturales, rindiendo el instinto a la razón; la primera vez que, viendo realizado el sueño dorado, el no va más, el pichorronillo de la existencia, lo rechaza en aras de la honradez, virtud que durante siglos ha permanecido aquí sumida en la indefinición, atrapada entre las telas de una vaguedad que hasta el momento nadie había tenido el valor de rasgar. Hoy, sin embargo, las cosas han cambiado: la idea de hallar un tesoro en medio del arroyo no será por más tiempo un concepto amoral. Se ha dado ejemplo al respecto, y eso vale tanto como haber sentado jurisprudencia popular. Desde ahora, devolver el dinero encontrado es una posibilidad, y a la vista del alborozo del propietario, una posibilidad recomendable y hasta prioritaria entre las demás, que tradicionalmente han sido, exclusivamente, la barra libre para los amigos, el ingreso íntegro del sueldo mientras duren las reservas, la gasolina «gratis» para una temporada, el regalito intempestivo, el viaje de propina o la mariscada en firme. El español, que no había contemplado nunca otras opciones, tiene ahora los ojos abiertos, aunque no se sabe aún –a falta de que se hagan las encuestas pertinentes– si esto le complace o le fastidia, y hasta es muy posible que la devolución del maletín de marras haya contribuido a que amplias parcelas de nuestra sociedad conviertan su inocencia inicial en contumacia recalcitrante.

En cualquier caso, ha ocurrido entre nosotros el milagro de no trincar, de no arramblar, de no sentirse uno afortunado por haberle caído en las manos el dinero ajeno; un prodigio sin precedentes que, quizá, refulgirá un poco menos al conocer que no se ha verificado en un español autóctono, sino en Pedro, nigeriano que se gana el pan vendiendo pañuelos desechables por las calles de Sevilla.

El himno

Un diputado francés, lleno de patriotismo, empezó a cantar *La marsellesa* en pleno minuto de silencio por los atentados de París, y toda la concurrencia se le unió espontáneamente. Parece que fueron unos instantes de honda emoción, que aquí en España unos han visto con cierta envidia y otros con cierto asombro. La cuestión es que los franceses, como son un país, disponen de un himno para cuando necesitan expresar su orgullo patrio, mientras que los españoles, como tienen serias dudas al respecto, sólo tienen un himno sin letra, un retal de marcha militar para ir tirando en los actos oficiales y en las entregas de medallas, un sucedáneo decorativo que no serviría de nada en una situación como la del minuto de silencio francés. Lástima da imaginar un diputado español, pletórico de pundonor nativo, arrancándose a tararear lo nuestro para dar escape a su exaltación. Y esta lástima se transforma pronto en hilaridad si la mente, de suyo retozona, prosigue hasta presentar el resto del concurso entregándose al singular canturreo. Porque la música no es himno, sino acompañamiento de himno. Porque los himnos de verdad tienen letra; son la letra –lo que los ciudadanos dicen de su país–, y sin letra no hay himno que valga. El «himno» español es una música sin letra porque no hay, en realidad, país del que decir nada. Bajo los Pirineos hay un grupo de países diminutos que algunos, a través de la historia y con propósitos varios, han intentado pertinaz e infructuosamente vertebrar. España, sin embargo, no existe ni ha existido nunca. España, como su himno, es una entelequia, y la prueba es que resulta imposible, sin caer en el ridículo, reproducir aquí la escena que tuvo lugar el otro día en Francia. Lo máximo que puede afirmarse del himno español es que, al no ser un himno, simboliza perfectamente a un país que tampoco es país; pero esto no significa que dándole al himno una letra el país cobraría entidad. La cosa –que nuestra nación y nuestro himno sean el negativo de un país normal– es más complicada.

Anarquía silenciosa

Es lo que hay; lo que va creciendo solapadamente; lo que no está en la lista de preocupaciones de los españoles. Una corriente de anarquía subterránea que aumenta su caudal y amenaza con salirse de madre. Anarquía de raíz individual, sin ideario ni compromiso. Anarquía primate, atávica, irreflexiva, degradante. Anarquía de atropellar y fugarse porque no lo ha visto nadie; de tirar la basura cuando no toca porque da la gana; del envoltorio al suelo y a la marcha; de trabajar el día de la Constitución pero no el de Navidad aunque se rechacen las dos cosas: de la conveniencia pura sin justificación alguna; del ande yo caliente, me salga con la mía y ahí me las den todas.

Hay un ímpetu enloquecido pero silencioso de anarquía elemental; una explosión de anarquía insonorizada por una capa de apariencias despojadas de sentido; un incendio anárquico inaudible pero devastador. Anarquía proveniente del feroz escepticismo hacia lo espiritual y lo institucional, del rechazo absoluto a lo colectivo y del culto desbocado a lo particular. Anarquía para la que no hace falta empaparse de ninguna doctrina, comprender nada ni hacer maldito el esfuerzo. Anarquía fácil del instinto y el egoísmo. Anarquía dilacerante, trituradora y disolvente.

Ha llegado el nuevo anarquismo, sencillo y asimilable como el caldo rebajado; el anarquismo adaptado a las mentes obtusas de la desidia y el ocio, a las mentes engañadas con el cuento de la falsa libertad, a las mentes infantilizadas con lustros de publicidad inmisericorde, capciosa y lobotomizante. Los anarquistas contemporáneos practican su indisciplina en la peligrosísima pequeñez de las cosas cotidianas: en el hurto menudo, la triquiñuela humilde, la sisa esporádica y el fraude al por menor. Es el inmenso e incontrolable páramo de la falta leve, del impulso, del capricho, de la gamberrada; un anarquismo radicalmente distinto del antiguo, que integraban sujetos de ceño fruncido, mirada perdida y dinamita en la mano. Aquello era una secta bien delimitada, con su rito iniciático, sus reuniones clandestinas y su código de honor: localizable y perseguible. Lo de ahora, en cambio, no requiere tensión intelectual ni tampoco fuerza de voluntad, sino todo lo contrario; así que prende como la yesca.

Ancha es Europa

Constantemente hay indicios, como aquel triste cuadro de la diputada española sorprendida *in fraganti* cuando compraba ropa desde su escaño, y como aquel otro cuadro, más luctuoso aún, del parlamento semivacío en horas lectivas aunque poco decisivas; pero de vez en cuando aparece, inopinada, imprevista, casi casual, una prueba fehaciente, apodíctica, chirriante, como ha sido la negativa de los eurodiputados a perder ni siquiera la menor de sus prebendas. La prueba del nueve, la prueba suprema de que todos son unos; de que hay, entre los altos administradores de lo público, cierta complicidad instintiva –involuntaria, si se quiere, pero real–, cierta autopercepción –complacida o remordiente, pero no rechazada–, cierta consciencia de integrar la parte «invulnerable» del diablo mundo. Ellos hacen y deshacen, legislan y organizan: mandan. Se saben poderosos e irreplicables; en la cúspide social; por eso se permiten la chulería y la desfachatez, la cara dura y el cinismo. Ya dijeron los clásicos que son muy pocos los que valen para gobernar a sus congéneres. Dale autoridad y sabrás quién es. Los ideales, los principios y los compromisos, cuando los hay o los hubo, ceden a las ventajas, las prerrogativas y los privilegios. Lo abstracto a lo concreto. La ilusión a la regalía. Los eurodiputados –como los francodiputados, los italodiputados, los germanodiputados y los iberodiputados– tienen muchas maneras de traicionarse a sí mismos y a sus conciudadanos. Ebrios de sinecura, dietas y primera clase, han perdido la vergüenza; se han desinhibido. Son altos cargos políticos que no disimulan ya; que muestran a las claras el concepto medieval que tienen de la vida. Oligarquía y chusma. Élite y populacho. A eso hemos llegado. A eso han llegado. Y en eso se sienten seguros, impunes, porque al mirar abajo no ven por ningún lado la fuerza intelectual que inerva las auténticas revoluciones. El furor y la impotencia del estado llano se deshacen en alaridos y manotadas. Ancha es Castilla.

Y Europa más.

Bancos y desahucios

Proliferan, en los desahucios por impago de hipoteca, unos cartelitos inocentísimos, –si quienes los exhiben están convencidos del enunciado–, o capciosísimos –si están haciéndose los tontos para dar como sea vislumbres robinhoodianas a su acción–, que rezan así: "bancos usureros". Ni artículo ni verbo: puro laconismo revolucionario que no pasa, ni siquiera en la eventualidad capciosa, de perogrullada ridícula y sandez monumental. Porque decir "bancos usureros" no es añadir un epíteto afrentoso, sino un sinónimo.

A nadie se le oculta –salvo en la eventualidad cándida– que los bancos de hoy son tan usureros como los prestamistas medievales; que son, en realidad, usureros venidos a más, con oficinas, ordenadores, aire acondicionado y empleados que urden estrategias destinadas a entrampar al vecindario. No han disimulado nunca su calaña. Muy al contrario: suelen ponerla exageradamente de manifiesto cuando alguien solicita un préstamo, entregando al incauto pedigüeño mil papeles que declaran y reiteran la naturaleza del bien suministrado –dinero contante y sonante–, y en que deben consignarse los nombres de otros incautos que se comprometen ante la ley a pagar la deuda, junto con los intereses, en caso de que aquél no pudiese hacerlo. El incauto, sin estar seguro de que tendrá el mismo salario durante los cinco lustros o más que durará el pago, firma todos y cada uno de semejantes papelotes ante la codiciosa mirada del testaferro, y se marcha ufano a comprar eso que tanto anhela y que tan lejos está de sus posibilidades económicas.

Es evidente que las vacas flacas llegaron aquí en el peor momento: justo cuando el español medio clavaba las uñas en el espejismo del bienestar. Un espejismo corporeizado a fuerza de préstamos y, por tanto, más irreal que nunca; pero tan hermoso que resultaba dificilísimo renunciar a la ilusión. Y el banco, tentador, carroñero, la utilizó para meter «clientes» en el morral. Es el procedimiento acostumbrado, el de siempre, y por eso la usura no es admisible como argumento contra el desahucio.

Esto, sin embargo, no es una defensa de los bancos y los desahucios. Esto es un sencillo alegato en favor de los justos términos y de la propiedad semántica; una manifestación de sospecha frente a los que llaman usureros a los usureros y exigen –a sabiendas de que un banco presta billetes, y no casas o coches– que la «dación» sea pago: ésos –perroflautas, neohippies, okupas y demás ralea pícara y desaliñada– que, habiendo accedido al ejercicio permanente gracias al movimiento 15-M, se han autoproclamado valedores de los desahuciados.

Puede que a los morosos les venga bien el sarro del 15-M para capear quebrantos pecuniarios; y que al sarro del 15-M le vengan bien los morosos para continuar su indignación fácil; pero nadie tiene derecho a pervertir el idioma y la realidad con el único propósito de salirse con la suya.

Crisis antropológica

A la clase política española se le ha caído el decorado. Representaba el mito de Jauja pero ahora, bien a la vista la negra tramoya de la ruina económica y la indiferencia europea, el espectáculo no puede continuar. La clase política, sin embargo, no se da por vencida, y tira de cinismo para no bajarse del opulento escenario que tiene montado. La clase política pide un esfuerzo a la sociedad y al mismo tiempo lo impone por decreto. La clase política no reduce –si bien lo anuncia continuamente para despistar– el inmenso palafito burocrático en que vive. La clase política pretende proseguir su mezquina prestidigitación con los trucos al descubierto; se ha convertido en casta dominante y no quiere dejar de serlo aunque se desmorone la nación entera. Esto es una realidad que puede indignarnos, pero –¡ay!– no extrañarnos: ¿Quién renunciaría, entre nosotros, a los privilegios y a los emolumentos de la política? ¿Quién rechazaría una sinecura? Los españoles hemos llegado a la conclusión de que nuestros políticos tienen la culpa de la ruina que sufrimos, y es verdad; pero ahora nos falta llegar a otra no menos cierta: que nuestros políticos nos representan sociológicamente. Sólo así comprenderemos el recelo con que se nos mira desde Bruselas. Porque la clase política española, devenida en clase social postinera, desvinculada de la sociedad que la eligió y ocupadísima en esquilmarla para nutrir la bambolla del poder, es un fiel reflejo del carácter nacional. Por eso hay tanta política en España, tanto gobierno autonómico, tanta diputación, tanta mancomunidad, tanta entidad local menor, tanta secretaría y subsecretaría–; por eso España tiene siete veces más políticos que Alemania, y más políticos que ningún país del mundo. El dato resulta extremadamente revelador: sugiere que la política, en España, es un sucedáneo del cuponazo, una pervivencia de la picaresca secular, una manifestación del ventajista que todos llevamos dentro; que aquí vamos a la política por dinero, para satisfacer el dorado anhelo racial de ganar mucho y trabajar poco. En efecto: un español con cargo no se siente servidor, sino señor; ni representante, sino aristócrata. El político indígena es un Pablos, un Lázaro, un Guzmán de Alfarache que ha llegado. Nuestros apuros económicos, por tanto, flotan sobre un problemón antropológico. Lo hemos intuido siempre, la historia lo demuestra, y lo estamos viendo ahora. Europa también lo ve, y nos da largas. Quiere abandonarnos a nuestra suerte para que la miseria imponga su dieta feroz al tinglado político.

Eclipse

Alborozo general por un eclipse de sol. Arrobamiento espiritual de multitudes pegadas a unas gafas de papel. Aplausos, brindis y simulacro de felicidad. ¿Explosión colectiva de vocaciones astronómicas, o simple ataque de gregarismo?

La desorbitada expectación que ha suscitado el paso de la luna entre la tierra y el sol resulta inquietante; como si hubiera cierta hiperestesia social ante los más nimios acontecimientos. Semejante curiosidad por un eclipse, totalmente desproporcionada para su importancia real, hace pensar en muy posibles desperfectos espirituales. Porque miles de personas boquiabiertas, contagiándose un entusiasmo dos tallas mayor del que requiere la ocasión, y en la disposición de ánimo de quien espera ver asomar por el horizonte la panacea de todos los males, no constituyen un espectáculo tranquilizador. Más bien parece otro ejemplo de las tristes reacciones que puede tener una sociedad sin verdaderas ilusiones.

Un eclipse de sol es un fenómeno moralmente gratuito, que no compromete a nada, existencialmente neutro, sin consecuencias; la perfecta falsa expectativa para engañar el anhelo que clama encadenado en los más profundos calabozos de nuestro ser. Quizá por eso nos lanzamos a ella desalados, creyendo recibir extrañas y milagreras catarsis. La esperanza descomunal que ponemos en hechos tan intrascendentes como un eclipse pone de manifiesto que nos encontramos en un segundo nivel de vacuidad masiva, que ha sustituido –para peor– el vacío prefabricado que nos trajo el consumo.

Aplaudir en grupo un eclipse resulta, cuando menos, preocupante; es inventarse una distracción, un pretexto para imaginarse integrados en una comunidad esperanzada, pero evitando las incómodas responsabilidades de un verdadero compromiso. Así, el entusiasmo social por los eclipses, el fútbol, o las distintas variedades de bazofia televisiva viene a ser un sucedáneo de la religión, una estratagema del hombre para dar un respiro a su naturaleza religiosa, aunque sin contraer obligaciones demasiado molestas. Una reducción espiritual muy acorde con el epicureísmo de nuestra época.

Con su expectación vehemente, la multitud intenta dar gato por liebre a la conciencia, pero por el resquicio de la desproporción entre las actitudes y los hechos que las motivan podemos ver cómo lo que parecía entusiasmo es, en realidad, un grito de auxilio. Es por una gran insatisfacción que la muchedumbre brinda por los eclipses y se pone a los pies de los ídolos televisivos; una gran insatisfacción que pretende llenar sin esfuerzo, rindiendo su dignidad sin más.

Pero el alma no acepta sucedáneos.

Manos limpias

Lo de Manos Limpias ha caído como piedra escandalosa en charca puritana. Las muchedumbres han abierto desmesuradamente los ojos y han silbado hacia dentro con la boca pequeña mientras agitaban los anillos. Y los más han escenificado este asombro al tiempo que removían morosamente un café pagado con el dinero negro del arrimo a su nombre que trabaja el padre para entretener la jubilación. Las manos, presuntamente, no eran tan limpias, aunque presuntamente lo eran. Las manos que decían velar por la limpieza en medio de una sociedad corrupta estaban, al parecer, tan sucias como las demás; cosa que debiera, en buena lógica, favorecer el sosiego colectivo. Ha ocurrido, sin embargo, todo lo contrario. El grueso de la sociedad se ha llevado las manos a la cabeza en un ejercicio magistral de sobreactuación, como si no fuese algo sabido que nuestras manos, por mucho jabón que les echemos y por mucho que las estreguemos, nunca están absolutamente limpias; que nuestras manos tienen pliegues y recovecos adonde no llega ni el cepillo más fino; que nuestras manos, vistas al microscopio, son el cañón del Colorado, y tienen simas inaccesibles, recodos insospechados, frunces inverosímiles y mugres eternas, mugres permanentes que se acumulan en los valles epidérmicos y constituyen la picaresca española, esa picaresca nacional que cabalga intacta las décadas, las épocas y hasta las modas. La picaresca nos es inherente, congénita y, por tanto, común; por eso el escándalo hacia lo de Manos Limpias no puede ser más que una muestra de hipocresía, una exhibición de la cota sensacional que puede alcanzar nuestro cinismo. Los españoles tenemos las uñas llenas de negra picardía, de cochambre irreductible que salva sin dificultad alguna el enjuague del tiempo. La picaresca nacional es el sedimento microscópico, la roña incrustada en las zanjas de las huellas dactilares, lo característico inextirpable, nuestra seña de identidad. Menos bocas abiertas y menos ojos desorbitados; menos crítica y menos escándalo, que aquí no se han conocido nunca las manos limpias y un gremio constituido bajo tal epígrafe sólo podía ser una broma o un tocomocho. El que manifieste sorpresa o indignación es un un actor compulsivo, un falso incorregible o un ignorante redomado.

Otoño caluroso

Parece que tendremos un otoño inusualmente cálido; que transitaremos el entretiempo desmangados y malhumorados; que acabaremos el año con el pellejo escaldado y los pies en salmuera. No es fácil resignarse a un otoño caluroso después de una canícula vietnamita. En verano se resigna uno porque la sensación de bochorno es propia de la estación, y tanta fuerza tiene la costumbre que incluso hay optimistas incorregibles que se alegran de tener vacaciones en pleno verano, estupidez solamente comparable a la de quienes brincan de contento por haberse jubilado superados los trece lustros. En otoño, sin embargo, la cosa cambia. No hay hábito de calor en otoño por estos pagos, ni optimismo que ayude a resistirlo, así que resignarse cuesta lo mismo que aceptar un retraso en la fecha de jubilación. El frío conserva los cuerpos y el calor los corrompe. A todos los niveles. Y del calor no hay escape, a no ser que pague uno alcabala de mucosas en el mostrador del aire acondicionado. Se prefiere, por tanto, el frío con trabajo como se prefiere la juventud sin jubilación. Las vacaciones en verano resultan igual de humillantes que la retirada senil: ofrece uno la dramática estampa de intentar divertirse contra los elementos. Así que lo mejor, en verano, es no hacer nada, o inventarse mucho en el poco de cada día; gozar la sombra en aquella hiperactiva inactividad que no dejaba tiempo al filósofo para ser agasajado por el mismísimo Alejandro. Uno se ha propuesto emprender, cuando llegue a viejo, la monumental tarea de apoyar el respaldo en la pared y destapar los mil matices de la vida cotidiana. La realidad personal e inmediata no mueve la economía, pero uno la prefiere al incendio epidérmico, el polvo bucal y el descalabro anatómico de las realidades capciosas que nos ofrece la industria del ocio. Allá se lo haya el IMSERSO con su arrastre de collares y maletas. A la porra el verano y sus espejismos. Con todo, habremos de resignarnos al veranillo postveraniego. No sería decente quejarse del calor otoñal teniendo a la vista las alambradas húngaras o la poca vergüenza de la falsa union europea.

Violencia contagiosa

La violencia se ha propagado con tal rapidez entre las cabezas huecas de Inglaterra que las cabezas pensantes de aquel país –y las de otros muchos– han acabado por situar la reflexión en los raíles adecuados. Una vez concluida la respuesta inicial, contundente y expeditiva por necesidad –el primer ministro habló incluso de cortar momentáneamente las comunicaciones informáticas y radiotelefónicas para demostrar al montón de salvajes que se han dedicado a matar personas y a robar tecnología y ropa, pero no libros, que los móviles ni mucho menos *Internet* funcionan por arte de magia–, el gobierno británico ha expuesto su análisis de los acontecimientos. David Cameron, resollando jonduras camaronianas, ha mirado el dorso de los hechos y ha situado la moralidad, la educación familiar y la enseñanza en el punto de mira. En efecto: las atroces «gamberradas» que se han cometido en los barrios ingleses no son tan horribles como sus causas. Porque no sólo ha sido cosa de chavales incultos e imberbes; el furor destructivo y desvalijador ha prendido con sobrecogedora facilidad en la yesca de miles de cerebros aparentemente heterogéneos. Críos barriobajeros, profesores de primaria, chavalas millonarias y hasta «embajadoras» olímpicas han coincidido en la violencia extrema, y eso es mucho coindidir. Urge buscar la carencia común, el portillo por donde se cuela en sus inteligencias el prurito devastador y mangante, y no es tarea fácil. Sobre todo porque hay un sinfín de portillos. El vandalismo nocturno que ha vivido Inglaterra es la consecuencia de largos lustros de cine con los valores trastocados; de irresponsabilidad política y social hacia los niños; de leyes educativas centradas en la batalla ideológica y no en los alumnos; de salvaje preponderancia crematística; de adolescencias hipertrofiadas; de padres desertores…

En realidad, las hordas cerriles que han asolado calles, vidas y humores en Inglaterra son más dignas de lástima que de indignación –aunque no se vayan a librar del justo castigo que merecen sus desafueros–: constituyen el gremio de los confundidos, los desesperados, los hueros, que huyen despavoridos de sí mismos porque no saben darse razón de su existencia ni de su futuro. La imagen de numerosas madres denunciando a sus hijos al saberlos partícipes en la barbarie revela, con aires de tragedia griega, las dramáticas proporciones de un fenómeno que los demás gobiernos europeos contemplan alarmados porque intuyen ciertas ansias emuladoras, cierta propensión al contagio, entre sus respectivos contribuyentes.

Cameron ha dado en el clavo: ética, moral, asunción del deber y la responsabilidad, valores inmateriales que llevan demasiado tiempo abandonados en la sociedad porque suponen esfuerzo y contradicción con el instinto, pero que hacen hombre al hombre. Sin ellos –lo acabamos de ver– el ser humano es el peor de los animales.

Eso de las formas

Se pierden las formas. La gente pierde las formas. El individuo pierde las formas. La universitaria que se despereza ostensiblemente durante una conferencia, la señora que se descalza en el tren y apoya sus callos y juanetes en el asiento frontero, la multitud adolescente que acude al colegio en chándal y deportivas –cuando no en bermudas y chanclas–, y los padres que lo consienten: todos pierden las formas. Lo social deviene, poco a poco, estéril para las formas. Se reivindica el aspecto desaliñado, y cualquier leve reconvención suscita una hostilidad visceral. Aquello que otrora se llamó urbanidad, pulcritud, corrección y buenas maneras, sufre hoy las iracundias de una heterodoxia inducida. ¿Cómo se ha llegado a esto? Pensad en el aislamiento: el «hombre» –término genérico provocador en los tiempos que corren– vive aislado, prisionero voluntario en el castillo intangible del egoísmo barato que patrocina la publicidad; se ha convertido en un ser primario que ya no cultiva el autocontrol. La cultura de hoy consiste, casi por entero, en burdas apelaciones al atavismo.

El naturalismo proclamaba la inevitable influencia del instinto; ahora parece que volvemos al naturalismo, pero huero de arte y reducido a una triste ordinariez. No está de moda, por tanto, lo que un humanista llamaría «darse forma», es decir, el conjunto de disciplinas y –¡escándalo mayúsculo!– «represiones» con las que uno se «da forma» durante su vida. La explicación es evidente: darse forma requiere un ideal, un proyecto, una meta que polarice los esfuerzos; pero eso, en una época que reniega del esfuerzo y persigue originalidades vacías, es todo lo contrario de la «moda».

Muchos valores humanos de hoy son el reflejo invertido de los que se han considerado siempre como verdades contrastadas;

y a los que se mantienen sin cambios, se les buscan vocablos malabares para evitar a toda costa la incomodísima denominación de «cristianos». Todo lo que suponga constreñir la falsa libertad en que se han instalado las multitudes teleadictas ha quedado socialmente proscrito. Es el *mal du siècle*: no se quiere ni oír hablar de normas y limitaciones. La otrora potente inteligencia humana –aquel «entendimiento», de ribetes universalistas– ya no llega, en muchos casos, más allá de la cultura facilona que identifica la libertad con la sujeción al primer impulso, en lugar de asociarla, precisamente, con el poder de dominarlo. Terreno abonado para la puñalada fácil que llena las funerarias y las páginas de sucesos.

Reflexión, moral, rectitud, corrección, sacrificio y –¡oh, suprema provocación!– «ortodoxia», son ahora conceptos *non gratos* entre la muchedumbre. No resulta extraño, pues, que se pierdan las formas. Tampoco lo es la mala uva con que son rechazadas: basta recordar que la violencia procede del miedo, y el miedo, casi siempre, nace de la ignorancia. Los que azuzan a las masas para que consuman obsesivamente deberían meditar sobre su parte de responsabilidad en la creciente agresividad social.

EN EL CAÑAVERAL DE LA ENSEÑANZA

Pocos territorios de la existencia tan postizos, tan adulterados, tan innecesariamente manipulados, tan sometidos a la llamada «corrección política», tan temerosos de la opinión ajena, tan confusos, tan inseguros, tan llenos de tareas inútiles y tan dominados por el disimulo. En la enseñanza contemporánea se ha violado el espacio mágico del aula, donde se verifica la transmisión del conocimiento y la fuerza del ejemplo. Ya no hay lugar para la naturalidad, y los docentes van dando tumbos, encadenados a una rigidez estúpida, entre las depresiones y las protuberancias del cañedo. Alguien les ha lastrado el trabajo con prolijos registros que nunca se consultan, con misteriosas clasificaciones, con reuniones larguísimas acerca de trivialidades, con fantasmagoría insustancial. Se calla y se otorga; se apechuga con la incongruencia; se acata el disparate puro con disfraz de ciencia; se acepta el cambio por el cambio, la variación por aburrimiento, la contradicción y el despropósito, sin oponer salvedad ninguna y sin contrastar con el criterio personal. Hay una cadena de mentiras, como se afirma en uno de los artículos que pueblan este lugar, pero nadie la denuncia por el maldito pavor a la discrepancia. En el cañaveral de la enseñanza soplan vientos de gregarismo.

En cuanto a mí, si me dedico a la docencia es porque mi vocación ya no sirve para ganarse la vida. Soy un escritor que imparte clases de lengua y literatura. Esto me da una perspectiva única: puedo ver esta región desde dentro y a la vez desde fuera. No me siento condicionado por escrúpulos corporativos a la hora de analizar situaciones y normativas. Estoy en la zona, pero siempre de paso; me muevo por ella, pero, de alguna manera, no estoy bajo su «jurisdicción». Mi enseñanza es, por decirlo así, adventicia. Por eso me sorprendo muchas veces espectador de lo que protagonizo. Y hago algunas concesiones por pura necesidad económica, sin entusiasmo alguno y, frecuentemente, convencido de todo lo contrario. Luego, claro, me desinfecto por medio de los artículos. La literatura heteróclita ya no da dinero, pero como detergente mental no tiene competencia.

Me resulta imposible aceptar ciertos principios de la pedagogía contemporánea; y me consta que a muchos docentes de verdad les pasa lo mismo. Y el resultado, en mi caso, ha sido llenar la zona con panfletos subversivos y memoriales irónicos, cuando no satíricos. La mordacidad –aquí siempre incruenta, por supuesto– suele ser el producto de la decepción o de la impotencia. He visto profesores muy obedientes, demasiado sumisos a los «descubrimientos» de los tótems de turno, y no quiero, durante mi estancia en este bosque de cañas, parecerme a ellos. No todo es válido en la enseñanza moderna, ni todo está caduco en la enseñanza tradicional.

Se da la paradoja de que son profesores auténticos, profesores verdaderos, muchos que, como yo, han venido a dar clases desde fuera del sector, mientras que buena parte de quienes tuvieron claro desde un principio que iban a ejercer la docencia se han dejado falsificar, han sido absorbidos por la cháchara de los prestidigitadores administrativos y por la bruma de los renovadores compulsivos.

Recorremos un cañaveral hirsuto, enmarañado, confuso y de suelo irregular por el que merodean los padres «progresistas» dictando su ley ante la inexistencia de principios bien asentados; un paraje que vive cada vez más en los trampantojos y menos en las autenticidades.

Deberilandia

Dime qué deberes pones y te diré qué clase de profesor eres; e incluso: dime si los pones y te diré si lo eres o no, si persigues el bien de tus alumnos, entendido como el fomento de su curiosidad intelectual y el desarrollo de sus habilidades, o te quedas en látigo escolar, en administrador del impuesto docente, cobrado en páginas bien ejecutadas y mejor presentadas, trabajadas fuera del horario lectivo como si ninguna fatiga pudiera doblegar la tremenda y espontánea laboriosidad juvenil.

El delirio deberístico, la desmedida carga de tareas, la prolongación sistemática de la espantosa jornada lectiva, el ejercicio machacón y el esquema farragoso infunden horror a la sapiencia en los chavales y exasperan hasta el pasmo a sus padres, que no consiguen arrancar el día de las garras del colegio. Es la venganza de don Mendo, el arreón final, el ojo del trabajo en casa por el ojo del barullo en clase y el diente del empalago académico por el diente de la insolencia perrera. Bregarás con tus viejos mientras yo esbozo la esquinada sonrisa del intrigante.

La faena para casa puede ser el desquite del amargado, el estercolamiento del asueto, el desperdicio del día siguiente o la hiperdiligencia del obtuso, una simple diligencia hipertrofiada con que se intenta paliar la sensación de incapacidad personal o su presunción en los educandos. Manda deberes, que les falta nivel; encarga reseñas, que lo del aula no ha cundido; entenebréceles las agendas, atibórrales de actividades, ínflalos a ejercicios, inúndales la mollera con el suero infecto de la repetición, la rutina y el hastío. Puede que identifiquen el estudio con la tortura, pero no pasa nada: lo importante, lo primordial, el objetivo gordo es que permanezcan amarrados a la silla cuantas más horas mejor, que se conviertan en galeotes de la escuela, en presidiarios de tu asignatura, en reos de libreta y esferógrafo. Aborrecerán el conocimiento, aunque tal calamidad sucederá mu-cho después de haber pasado por tus manos, cuando ya no tengas que aguantarlos. Ahora, sin embargo, mientras el terrón de su mente se va disolviendo en el endino filtro que les atizas, tendrás unos pupilos dóciles, unas malvas, unas orugas –¡ay!– de inquietadora metamorfosis.

Cadena de mentiras

Como muchísimos adolescentes que habitan las aulas de secundaria no han recibido por ninguna parte lo necesario para saber distinguir y poder degustar la buena literatura, y como –en consecuencia– rechazan todo aquello que trasluzca una mínima elaboración y complejidad intelectual, se les aproxima la claudicación cultural de la pseudoliteratura vampírica, esotérica y sicalíptica que segregan los oportunistas de turno, parásitos de vocación venal y talento apoltronado que regalan la sensibilidad roma de las tiernas y whatsapadictas mentes juveniles con regüeldos truculentos e infantiloides. Como muchísimos escolares no se acercan a las buenas letras, se les acercan las letras que sean y se intenta revestir la chapuza con andrajos de método. Y como los zagales abominan del esfuerzo y no tienen la más remota idea de qué pueda ser la edificación personal, se les examina de porciones cada vez más enclenques de la materia, contenidos irrisorios que, una vez resumidos por el profesor en un alarde asombroso de capacidad sintética, quedan en pura, descarnada, monda y lironda hetiquez académica. Y como tantas facilidades no bastan para que tan sufridos alumnos alcancen la gloria del aprobado por la mínima, se hace imprescindible aplicar la «reducción de objetivos», eufemismo para no decir que se bajan los listones lo que haga falta.

Sucede que la enseñanza, como no se atreve a –ni tiene permiso para– enfrentarse a los atorrantes en ciernes ni menos aún a sus enojadizos padres, ha dado en enfrentarse a sí misma, y se ha zambullido en un pantano de ambigüedades y disimulos degradantes, en una cadena de mentiras para nadar entre impotencias y guardar la ropa de las formas, en la parafernalia léxica del «aprender a aprender», del calificar mediante «rúbricas» y el descalificar las clases magistrales. Lo malo es que la contrahechura de la realidad, el contorsionismo de los conceptos, la cadena de mentiras acaba siendo puesta en evidencia por episodios como la paliza que recibió el otro día una niña y que fue grabada en vídeo por sus propias compañeras.

Todo el fárrago terminológico de la «nueva» didáctica es una cortina de humo, un inmenso berenjenal que planta la enseñanza para esconderse de una realidad cada vez más adversa e inabordable. Porque los colegios no tienen obligación alguna –ni motivo para tenerla– de asumir la educación de los maleducados. Ni disponen de recursos y autoridad –caso de aceptar el gigantesco reto– para ello. Así que no les queda otra opción que la cadena de mentiras, que comienza en primaria cuando se dejan pasar semianalfabetos a secundaria, continua en secundaria cuando se hace lo mismo en dirección al bachillerato, y sigue adelante con el coladero en que se convirtió el selectivo antes de ser eliminado por completo para que las universidades no pierdan alumnos ni subvenciones. Las aulas han de llenarse hogaño como antaño, cuando el chollo demográfico requería profesores a porrillo. De modo que la cadena de mentiras encubre, a todos los niveles, un atolladero que amenaza con dinamitar todo el sistema. La sociedad ha degenerado a un ritmo que la enseñanza no ha podido soportar –y del que no es, en absoluto, responsable–, con lo que se ha echado mano del último recurso, de la triquiñuela urgente, del costroso alfombrón embustero que sirve para tapar la decadencia colectiva. Hay una cadena de mentiras en la enseñanza, una faramalla de tapujos con que los docentes, a pesar de no tener ninguna culpa, ocultan que les ha superado la situación.

Como

Como cohibidos, como acomplejados, como asustados, como empequeñecidos, como temblorosos, como si la camisa no les llegase al cuerpo, algunos representantes de los colegios católicos han agarrado el clavo ardiente de la corrección política y aseguran que, según revela un informe, más del cuarenta por ciento de los padres de alumnos de sus centros profesan una ideología de izquierda. Como avergonzándose de su catolicidad y de su conservadurismo, como trasudando miedos, como disfrazando identidades, como aparentando adaptarse a las modas, como suplicando que les integren, como buscando empatía, como haciendo el ridículo, estas cabezas visibles de las escuelas concertadas apelan a la fracción siniestra de su clientela para neutralizar la pavorosa tunda que les prepara la conselleria de Marzá. Ofuscados por el terror, no se dan cuenta de que hacer esto es como lanzar piedras a su propio tejado, como humillarse innecesariamente, como esgrimir sus mediocridades en detrimento de sus mejores y más auténticos atributos. Tal vez debieran tomar ejemplo de sus adversarios, que venden la grotesca fumata del comunismo, la estrafalaria bocanada del trotskismo y el aro esperpéntico del bolchevismo con la cara bien alta y el orgullo a rebosar, creyendo en lo suyo aunque sea falso y confiando en ello aunque no se sostenga.

Si los revolucionarios contemporáneos pisan fuerte calzando botas del siglo pasado y vistiendo harapos del anterior; si la nueva izquierda profiere los mayores despropósitos y las menores chorradas con el más absoluto convencimiento, resulta inexcusable que una parte de la derecha orille lo sustancial de su condición y busque refugio en lo adyacente, lo accidental y lo secundario. Es como intentar parecerse al enemigo para evitar el bastonazo; como arrastrarse vilmente para conjurar el peligro; como decir: "soy un poco de los tuyos", para disimular una diferencia radical. Una porción de lo concertado actúa como si hubiese caído en la cobardía, en la irresolución, en el maquiavelismo, en ese grouchomarxismo del absurdo que tiene otros principios en reserva por si no gustan los verdaderos; obra como si le hiciera el juego a la conciertofobia del poder, como si dudase de la verdad y de la firmeza de su catolicismo, como si le azorase mostrar su rostro, como si le intimidase la presión infame del sectarismo político.

Profesores acomplejados

Hay profesores que se arrepienten o parecen arrepentirse de su condición; que se disculpan o parecen disculparse por los gajes que disfrutan; que se avergüenzan o parecen avergonzarse de tener unas generosas vacaciones y por eso precisan o parecen precisar justificarse. Profesores que se acomplejan o parecen acomplejarse porque son señalados por unos cuantos envidiosos e ignorantes que les apuntan con el dedo y les afean la poltronería de los veinte días de asueto navideño, las quince jornadas de holgorio pascuero y los dos mesazos largos de gandulería veraniega. Profesores cuyo descanso les produce o parece producirles mala conciencia, como si no realizaran correctamente su tarea o ésta fuera tan relajada, tan agradable, tan muelle que se sintieran excesivamente pagados y escandalosamente abocados al ocio. Profesores que se perciben o parecen percibirse a sí mismos como parásitos de la sociedad, sablistas institucionales o impostores gremiales. Profesores incomprensibles para otros profesores que, en cambio, consideran insuficientísimo el sueldo que reciben por enseñar y además tener que aguantar estoicamente las insolencias y chabacanerías de los alumnos y de sus padres; que ven muy cortos los períodos que les asignan para la recuperación psicológica y los reivindican, con la cara bien alta, todavía mayores; que se dan perfecta cuenta de la desoladora ignorancia desde la que hablan quienes critican sus condiciones de trabajo; que tienen muy claro lo que significa ser profesores, y de ahí sacan fuerzas para quebrar la cadena de mentiras que asfixia la eso; que se sienten orgullosos de su labor y no se disculpan por los estupendos gajes de su oficio, ni sienten la urgencia de justificarlos, ni se avergüenzan cuando son blanco de lenguas viperinas y dedos avinagrados que apuntarían a otro sitio en cuanto estuvieran cuatro semanas encerrados con quince o veinte groseros cerriles, vacilando entre la suposición de haber sido contratados para transmitirles conocimientos y la sospecha de haber ingresado en un centro de vacunación contra el aturdimiento.

Concertada

No son los dicterios contra la concertada, sino los buches de donde salen; no es la invectiva sectaria, sino su extemporaneidad; no es la vetustez del argumentario, sino el bandullo en que se cuece y los bofes que le dan aliento. Las ideas viejas necesitan corpachones viejos para no arraigar en falso, y buscan cerebros preterizados, mentalidades revenidas, intenciones correosas y tropa de mucho colorido pero escasa disciplina. Da la impresión de que para embotellar los apóstrofes a la concertada se han desatascado manantiales que llevaban siglos olvidados, ocultos bajo prosperidades económicas e hipnotismos electrónicos; que ha vuelto a la vida, galvanizado, el ejército de terracota, la soldadesca de Amenhotep o el ejército de las tinieblas. Antiguos nuevos combatientes; contemporáneos reclutas antañones; mesnadas de nuestro tiempo con arcabuces de chispa, inquinas de cuero y razonamientos de ballesta. Lo malo es que las ideas decrépitas, para trabar batalla, necesitan adversarios tan decadentes y achacosos como ellas, y no encontrándolos en su época los espigan en otra. De modo que la facción anticoncierto educativo ha escarbado el pasado en busca de fantasmas a su medida y ha soltado en el palenque, traído por los pelos, aquel umbraliano bigotillo de postguerra, el bigotillo franquista y requeté, la pelusa intolerante, inquisitorial y espantable, para que los pertrechos no desentonen: bombarda contra bombarda, mandoble contra mandoble, adarga contra yelmo, culebrina contra espingarda y delación contra calumnia. Se viste a la concertada con harapos del medievo para ergotizar contra ella sin hacer el ridículo; se la disfraza de inquisición para poder imputarle arbitrariedades; se le adhieren pegotes para denunciarle suciedades; se la dibuja según conviene a los que no quieren aceptar su brillante, preferidísima y eficaz realidad. Son pretextos; pretextos trasnochados; pretextos forzados que sólo consiguen resaltar lo injustificado e intempestivo de tantos ataques. Los que combaten todavía el espectro franquista; los del pública, laica y en valenciano como sinónimos de libertaria, vengativa e impositiva; los que huyen despavoridos de los uniformes, las jornadas partidas y los buenos resultados obtenidos con esfuerzo nos quieren hacer ver bigotillos y torquemadas por doquier.

La encuesta escolar

Las mentes «normales» recelan –llegan a rechazarla por completo– de la encuesta escolar; las mentes obtusas le conceden cierta veracidad, cierta utilidad informativa; pero las mentes romas, las mentes hueras, las cabezas de chorlito con auténtico *pedigree* se aferran a la encuesta escolar, la idolatran, la obedecen y la mitifican porque les proporciona un afeite de inteligencia, un aire de razonamiento, un algo que no es mío pero como si lo fuera. Las encuestas de los colegios, encuestas anónimas donde se alivian las inquinas paternas y discentes; donde cuece la devaluación del profesorado; donde campa la vulgaridad, el embuste y la cobardía; donde se verifica la venganza miserable de la rabieta lejana; donde se tira la piedra y se oculta la mano; las encuestas antinomia que sólo tendrían utilidad rellenadas por maestros; las encuestas fuera de lugar que ponen de manifiesto la falta de criterio y autoestima docente; las encuestas del embrollo, la irresolución y el miedo se cotizan más cuanta menos dignidad hay en los claustros. Aquellos que hacen la vista gorda frente a los problemas; o que magnifican los de unos y disimulan los de otros; o que no tienen claro qué pueda ser eso de la educación; o que recogen hasta lo que no pueden para engordar la matrícula son las víctimas perfectas de la encuesta escolar. Ella les da ocasión de injuriar al compañero irritante, al que dice las verdades y valora su honor por encima de los padres-masa rebelados, al compañero «peligroso» que ve las cosas como son y no acaba de pasar por el aro del paripé y la cadena de mentiras. La encuesta escolar hace las delicias de los tontos, entenebrece los finales de curso y alboroza los hogares palurdos. A estas encuestas que no firma nadie les dan crédito los que no lo tienen, los ignorantes que confunden la complicada tarea de construir la sociedad con el ridículo esfuerzo de tirar cascotes al propio tejado, los atontados que toman a los alumnos por clientes y la enseñanza por mercancía, los timoratos que prefieren autoflagelarse –preferiblemente sobre la giba de otro– y hozar en la tolva del zurullo antes que contrariar progenitores que no saben con seguridad dónde tienen la mano derecha.

Deconstrucción de la «prueba diagnóstica»

La Generalitat ha infligido a los colegios, un año más, la «prueba diagnóstica», que no se sabe a ciencia cierta qué prueba ni qué diagnostica. Porque si se trata, como dicen, de averiguar el nivel académico real del alumnado, que alguien explique por qué puñetas aplican la prueba los mismos profesores de los centros, que tan ricamente pueden mentir en esto como en los boletines ordinarios; y si hay interés en conocer lo que de verdad han aprendido los chavales, habrá de ser para tomar alguna medida y no para saberlo sin más, dejando las cosas como estaban y sin combatir en modo alguno la eventual garruleria escolar. El caso es que se hace una prueba en papel a los alumnos, contradiciendo garrafalmente la sacrosanta doctrina ecologista; y luego los profesores, aprovechando estos días de asueto y vacación que son los últimos del curso, han de trasladarlas al ordenador una por una, mostrando la cruel realidad o mintiendo a destajo –esto va según sensibilidades–, para que la Generalitat compruebe si las políticas «educativas» arrojan algún beneficio sobre las atrofiadas mentes de la generación whatsapp. La cuestión es que nadie afirma con la claridad necesaria el absoluto sinsentido, la inutilidad total, el absurdo categórico de semejante fárrago tal como actualmente se aplica; que la enervante «prueba diagnóstica», si sólo sirve para contemplar el triste panorama o el falaz empíreo que tengan a bien mostrar los colegios, y no motiva una reacción administrativa eficaz, no es más que una píldora de placebo, un tranquilizante cuyo principio activo es el espejismo de que se hace algo para combatir el ridículo mundial de nuestro nivel acádemico.

Este humilde servidor propone a la conselleria competente que la próxima edición de la «prueba diagnóstica» sea realizada en cada colegio por personal externo, y que allí donde se descubra el mentirusco se invaliden las notas falseadas y se impongan cursos adicionales para que los alumnos alcancen el nivel adecuado –quiérese decir que repitan lo que haga falta–.

Porque de momento, y además de un despilfarro, la llamada «prueba diagnóstica» es una pura majadería.

Esa utopía educativa

Aun siendo cosa indudable que la derecha y la izquierda no llegarán jamás a un pacto educativo porque sus posiciones en esta materia, por mucho que disimulen, son tan radicalmente opuestas como en cualquier otra, no se puede negar que la nueva situación política tiene matices que permiten albergar cierta esperanza en el medio plazo. Mientras los «analistas» miran con enorme fijeza el árbol de la palabra *sustitución*, entre cuyas ramas imaginan ver, como adornos de Navidad, los cabrilleos del acuerdo, pierden de vista el bosque de pimpollos que brotan del subconsciente de los interlocutores. Y en especial uno, que se destaca en el título embrionario de la futura nueva ley: "acuerdo *básico* para la enseñanza", dicen; y ahí, en el adjetivo, en el *básico* va implícito el indicio y casi la prueba de que ya existe una consciencia de la solución. Y aunque todavía tardará en aflorar, puede considerarse que la cosa está encarrilada. Llaman *básico* al acuerdo buscado; pero en realidad, y sin saberlo, quieren referirse a la enseñanza del 70, cuando *básica* significaba una primaria larga y eficaz que dejaba los alumnos preparados para iniciar el bachillerato *polivalente* –otra palabra sugestiva– o emprender el práctico, útil y sobre todo necesario camino de la formación profesional. El gran problema político de la educación española no es la falta de fondos ni el desacuerdo entre derechas e izquierdas; la dificultad gorda está en que todavía no se acepta el descalabro de la ESO y la tremenda urgencia de un retorno al modelo EGB. No se acepta que la secundaria obligatoria es un paréntesis inútil y repetitivo entre la primaria y el bachillerato, una pérdida de tiempo, una fábrica de atorrantes, una memez indescriptible. Y no se acepta, entre otras causas, por lo que costaría desmontar el gigantesco armatoste administrativo que ha generado. Pero la excelencia educativa no es imposible. Ir dándose cuenta del extravío es el primer paso para encontrar el camino correcto. Ya se habla de *básico*. Ya se recuerda lo bueno. Ya se retoma un punto de partida fructífero. Esa utopía educativa que comenzó en el 70 podrá perfeccionarse dentro de unos años, cuando se hayan removido algunos cascotes conceptuales.

El fracaso escolar

Podrían saturarse de grasa monetaria los intersticios del aparato educativo y la espiral triste del fracaso escolar continuaría subiendo con ímpetu pirotécnico. Porque no está el mal en los medios, sino en el medio; no está el problema en los recursos que se destinan o se podrían destinar, sino en el entorno social, cultural y familiar de los alumnos. La fórmula es algo paradójica, pero, bien mirado, absolutamente reveladora: el sistema educativo más completo que ha tenido este país en toda su historia tiene también las mayores cifras de fracaso escolar de toda su historia. Un fenómeno que se ha verificado curso tras curso sin que se aborde la reflexión –compleja, profunda– que necesita; y que ahora, con los «recortes» presupuestarios, corre peligro de ser soslayado con la finta falaz de la carestía. Y no: el fracaso escolar crece con la reducción de recursos como crecía cuan-do sobraba el dinero. No hay, por tanto, escapatoria posible; no quedan excusas; urge atacar de frente la cuestión, emprenderla de lleno sin prejuicios ideológicos ni reduccionismos gremiales, ir directos al verdadero campo de batalla, que no es el presupuesto sino una complicada maraña de circunstancias tejida en torno a la distorsión. El profesorado está desde hace tiempo en una lucha encarnizada con la distorsión existencial de muchas parejas que, habiendo cumplido muchos años y tenido algunos hijos, continúan obsesivamente aferradas al estilo de vida juvenil; y con la distorsión generacional de los abuelos criando a los nietos; y con la distorsión intelectual de los niños enchufados a un videojuego más de siete horas diarias, o abandonados a su inmadurez en una casa vacía, o inermes ante las burdas insidias mentales exhaladas por innumerables emisoras de televisión infiltradas en su cuarto.

El fracaso escolar, pues, viene de la distorsión. Más que del bajo presupuesto. El alumno acude al centro con el criterio distorsionado, el discernimiento confundido y el juicio maleado. Suspenderá por mucho tiempo y dinero que se le dedique, por muchos adelantos técnicos y pedagógicos que se destinen a su enseñanza. Es aquel hombre sin objetivo, incapaz de aprovechar la tecnología, del que hablaba Marías en los años ochenta; un pozo sin fondo para la inversión pública.

Los recortes que sufre la enseñanza podrían evitarse con el efectivo que se tira en las televisiones públicas, en las diputaciones, en las mancomunidades y en el pantagruelismo político. Eso lo sabe todo el mundo. Sin embargo, nadie repara en una serie de subvenciones que no dependen de las administraciones, que nunca se aplican porque nunca se plantean seriamente y que combatirían con más eficacia el fracaso escolar: la subvención de consciencia para los padres; la subvención de silencio interior, de proyecto vital, de vocación y de idealismo para los adolescentes; la subvención del desprecio al audiovisualismo degradado para todos.

Cambiar el medio es una tarea que puede acometerse al margen de los políticos, y que compensaría con creces la falta de medios.

La jornada continua

Puede que se haya extendido la flexibilidad en los horarios laborales; o que a los abuelos, agerásicos del siglo XXI, les vaya la marcha y estén dispuestos a incluir una función más, a la hora de la siesta, del cuadro costumbrista en que representan a los padres. O quizá éstos hayan llegado al nirvana de la indiferencia total, a la despreocupación ilimitada que supone liberar la mente de toda imagen de sus vástagos y, por tanto, se hayan sacudido aquella incomodísima sensación llamada responsabilidad. Incluso puede ser que los profesores, aprovechando el marasmo intelectual de la sociedad, hayan colado al fin el gol de la jornada continua, que les dará la tarde libre para sus cosas y a los alumnos para que no decaiga la borrachera electrónica. Sea como fuere, lo cierto es que después de haber aplicado el sinapismo de la tergiversación sobre las mentes de los padres les han reblandecido el criterio hasta el punto de hacerlos apoyar las clases matutinas en muchos colegios.

La ciencia pedagógica demuestra que no es posible mantenerse atento más de dos horas; y que a partir de tres, cualquier intento de aprender algo es una pérdida de tiempo. Pero eso no es obstáculo para la docencia de vanguardia; ni siquiera es motivo de reflexión. La mirada está puesta en la holganza vespertina, en la perspectiva del ocio, en el *dolce far niente*. Nunca se había dado tal conexión, tal oportunidad para la sinergia entre alumnos y profesores, principalmente porque los profesores querían enseñar y los alumnos aprender. Pero ahora que las cosas han cambiado; ahora que los profesores quieren que su esfuerzo les convierta en funcionarios acomodados y los alumnos pretenden que la magia les permita vivir sin trabajar; ahora que todo el idealismo se reduce al epicureísmo, el objetivo es agenciar el título de secundaria sin que unos ni otros den un palo al agua. Por eso ha surgido la calificación a partir de rúbricas, que suprime los exámenes y saca los aprobados de donde no hay con qué; y el aprendizaje cooperativo; y el alumno autónomo, y el humo con que se tapa la pereza insuperable que domina la situación.

La venganza

Le ha costado urdirla –o ha querido regodearse contemplándola en perspectiva–, pero al cabo la consejeria de Educación ha mostrado la venganza que sufrirán, por díscolos y protestones, los docentes valencianos: trabajarán en julio, eso que «oficialmente» ya venían haciendo. En julio no hay alumnos en las aulas, y el profesorado dedica las horas al papeleo inútil y farragoso de las memorias que nunca se consultan, los informes que se archivan para siempre, las estadísticas que no reflejan la realidad y las programaciones que sólo cumplen los malos enseñantes. Hace falta ser muy voluntarioso –léase *friki*– para encontrarle alicientes a una labor tan vana, de modo que la cuestión ha evolucionado, insensible pero muy lógicamente, hasta esa circunstancia tan española del estar sin estar, del absentismo encubierto para el que se ha destilado, en este caso, la felicísima fórmula de «a disposición del centro». Y así se va tirando, con la total aquiescencia de los administradores públicos, en el asendereado sector de la enseñanza. Un *statu quo* de lo más apacible, que hubiera podido continuar muchos años pero que no lo hará porque su interrupción es, precisamente, la venganza de la consejeria por las algaradas callejeras que protagonizó no hace mucho la docencia, la discencia y el perroflautismo. Hasta el momento, los profesores evitaban perder el tiempo en chorradas burocráticas y las autoridades hacían la vista gorda; los unos daban reposo a los nervios justo antes de la depresión y las otras miraban para otro lado. Pero –¡ay!– aquéllos han tenido la grandísima osadía de indignarse por dos clases más a la semana, y éstas han decidido «revisar» la *entente cordiale* del julio, aunque hacerlo no suponga ningún ahorro –puesto que los colegios consumirán más energía y material durante un mes que tradicionalmente pasaban bajo mínimos– ni mejore la «productividad» de los profesores –para quienes julio lectivo será la puntilla de unos ánimos que llegan moribundos al fin de curso–. Venganza, pues. Venganza pura y dura de un gobierno autonómico que castiga maquiavélicamente la discrepancia. Más le valdría indagar las causas de la quemazón docente –graves, profundas, numerosas, totalmente ajenas al ámbito profesional de la enseñanza– y tomar medidas al respecto.

La reacción más inteligente ha sido la del gremio de directores de instituto, que ha esquivado la ofensiva de la conselleria poniendo buen gesto y contraataca sugiriendo pasar a julio los exámenes de septiembre –cambiar inactividad juliana por inactividad septembrina–. *Quid pro quo*. Sin embargo, ellos mismos levantan la sospecha con el torpe argumento que utilizan: que será beneficioso para los alumnos, cuando todo el mundo sabe que lo mejor para superar una materia suspendida es un verano entero estudiando.

La verdad sobre la ESO

Hay una verdad sobre la ESO, pero es una mentira. Quiere decirse que la verdad sobre la secundaria obligatoria son las mentiras en que se basa. Como el combate del fracaso escolar, por ejemplo. El que inventó la ESO dijo que la razón de ser del nuevo sistema era luchar contra el suspenso, pero aquello era mentira. Lo que se combatía, en realidad, era el escandaloso nivel de indolencia de las familias. En el antiguo sistema no se podía pasar de curso con varias asignaturas pendientes, y los ninis –que ya los había entonces– acababan pronto callejeando. Todo fue bien mientras el número de ninis correspondió a una marginalidad más o menos estable; pero la cosa empezó a ser alarmante cuando el número de padres apáticos creció como nunca gracias al bienestar y al arrumbamiento de la moralidad. El Estado intuyó un enorme aluvión de atorrantes, y no se le ocurrió nada mejor para evitarlo que alargar hasta los dieciséis años la escolarización obligatoria. En aquel momento, los vagos en general y los damnificados por la negligencia o la torpeza paterna en particular empezaron su personal y totalmente infructuosa peregrinación académica, que consistía y consiste aún en perder cuatro años de su vida repitiendo los dos primeros cursos para luego irse igualmente, con dieciséis añazos a la espalda y una contribución decisiva en el desplome del nivel académico nacional, a cultivar marihuana en las terrazas y a fumar porros en cocheras alquiladas. Pero eso eran y todavía son cuatro años administrativamente «dentro del sistema», cuatro años burocráticamente ocultos a la vergüenza de las cifras y las estadísticas, cuatro años que unos llaman «implementación de nuevas técnicas educativas» y otros, menos preocupados por la imagen internacional, esconder las barreduras bajo las alfombras.

Luego están los módulos, y los Programas de Cualificación Profesional Inicial, y las escuelas de adultos..: todo el amplio y farragoso armatoste de la repesca. En este mundo se hace negocio de cualquier cosa; y lo de los ninis, en cuanto bajan la guardia, constituye una materia prima excelente.

La sopa boba

Una joven de reflexión desentrenada –como tantos de sus coetáneos–, afirma en la prensa que los institutos deberían impartir asignaturas «verdaderamente útiles para la vida real», frase con la que postula, indirectamente, la supresión de materias filosófico-literarias, y con la que raquitiza, de paso, los conceptos de utilidad y de realidad. Está claro que para la zagala en cuestión sólo es útil aquello que tiene aplicación práctica, visible, palpable, inmediata; que todo conocimiento abstracto sin aplicación «mecánica», sin posibilidades de ser convertido *ipso facto* en dinero, resulta prescindible para la formación académica. No cabe mayor superficialidad en una perspectiva del saber. Ni mayor estrechez. Como tampoco es posible mayor angostura en una visión de la realidad que la reduce a pura materia: «útiles para la vida real», dice la niña, considerando únicamente como tales las habilidades técnicas;

como si la cultura, la sensibilidad y la independencia de criterio no formasen parte de la realidad.

Y sin embargo, sucede al revés: cualquier asignatura, sobre todo cuando no es la predilecta del estudiante, puede aportarle un sinfín de beneficios al margen de su contenido específico. El esfuerzo por superar las disciplinas «antipáticas» opera con mucha eficacia en el cerebro: requiere método y rigor, autocontrol y constancia, que son actitudes imprescindibles para el buen desarrollo intelectual. No sólo aprovecha lo que gusta estudiar; también lo que no gusta. Todo es «útil». Todo es necesario. El problema viene cuando se profesa un utilitarismo capcioso, una visión antihumanística y exclusivamente pragmática del estudio. Como hace la reivindicativa chavala cuyas declaraciones han motivado mi comentario. Seguramente piensa que aprender música, por ejemplo, no «sirve» de nada si no va uno a dedicarse profesionalmente a ella; que sería mejor un plan de estudios ceñido, escueto, limitado a cada objetivo profesional. Un argumento insostenible si tenemos en cuenta el demostrado efecto de interconexión neuronal y, por tanto, la estructuración de la inteligencia que proporciona el estudio de la música.

Mucho me temo que la corriente utilitaria que hace furor entre demasiados jóvenes no es más que un pretexto para quitar asignaturas, para sopabobizar todavía más la educación secundaria.

Los nuevos huérfanos

Como los niños españoles cada día están más gordos, el ministerio de Sanidad quiere que hagan más ejercicio físico en el colegio. El suficiente, al menos, para quemar los michelines de la bollería industrial y el sedentarismo. El ministerio de Sanidad ha emprendido un reto hercúleo cuyo logro dilatará los límites de la ciencia ficción. Porque añadir horas a la enseñanza –lectivas o no– en pleno paroxismo del recorte presupuestario es una fantasía como no se atrevió a soñar Tim Burton, y reducir la obesidad infantil con cinco ratos de trote a la semana raya en la pura taumaturgia. Pero el ministerio de Sanidad tiene lástima de tanto niño gordo, se deja llevar por el sentimiento y en su vehemencia quiere asumir tareas imposibles que, además, no le incumben.

Hace tiempo que los colegios, además de instruir a los alumnos, deben educarlos. A partir de ahora, si la iniciativa sigue adelante, también habrán de controlarles los índices de grasa corporal. No es descabellado, pues, imaginar un futuro próximo en que organizarles el tiempo libre formará parte de las responsabilidades infinitamente ampliables de la docencia. El colegio hará todo lo que dejen de hacer los padres, el hogar desaparecerá definitivamente y la exquisita previsión gubernamental suplirá esta desaparición haciendo virguerías con las aulas multiusos. Hay muchos ayuntamientos que programan actividades de ocio «sano» para ofrecer a los chavales algo distinto a la cogorza en la calle y al sahumerio alucinógeno en la cochera, y es cuestión de tiempo que pasen el testigo a la enseñanza. Las administraciones públicas intuyen los efectos perniciosos del desinterés de los padres y se lanzan, en una primera reacción, a sustituirlos, cuando lo que deberían hacer es corregirlos.

Ocupar el sitio de los padres no soluciona el problema, sino que lo agrava, porque sanciona oficialmente la extensión del concepto de orfandad que se ha producido en los últimos tiempos. Uno ya no sólo es huérfano cuando carece de padres: también lo es cuando, teniéndolos, no están con él; o cuando están sin estar, el cuerpo presente y el seso embebido en la evasión telecibernética; o cuando le invitan a esta evasión equipándole con más pantallas que un garito bursàtil. Hay huérfanos reales y huérfanos virtuales. Niños que viven sin padres y niños que viven como si no los tuvieran. Niños que recogen los orfanatos y niños que recoge *Internet*. Hay huérfanos de nuevo cuño, más gordos que los huérfanos tradicionales porque llenan su vacío con hamburguesas y bombas de chocolate, y más tristes porque suplen la compañía paterna con el engaño electrónico. No deben preocuparse: la ministra de Sanidad ha solicitado que los centros escolares les ayuden a librarse del peso que les abruma. Ejercitarán los músculos y sus cerebros destilarán endorfinas. Ya no estarán gordos. Ya no estarán tristes. Ya tienen un padre político que vela por su esbeltez; que sabrá curarles el cuerpo y la mente porque ha encontrado el remedio a sus cuitas: ¡a correr se ha dicho!

Aulas de la «experiencia»

La Universidad Politécnica de Valencia considera un éxito el programa «Aulas Universitarias de la Experiencia» porque más de seiscientos mayores de cincuenta y cinco años participan este año en él. No porque su nota media supere las expectativas, ni porque las empresas les aguarden con los brazos abiertos, sino, simplemente, porque «participan». A primera vista el dato resulta curioso: parece que la actividad universitaria de los jóvenes pone a la de los mayores en un plano subalterno, al margen de una supuesta «oficialidad». El mercado laboral de nuestro tiempo demanda gentes pluriformadas y versátiles que puedan rendir intensamente durante muchos años, y eso presupone juventud en los candidatos, pero al mismo tiempo establece como una concepción lúdico-pensionista del alumnado sexagenario. Lo de «Aulas Universitarias de la Experiencia» se queda en eufemismo de «Universitarios prejubilados».

Sin embargo, para esta situación hay otro punto de vista que no deja tan bien parados a los jóvenes. Se trata de contrastar la creciente inquietud estudiantil del colectivo «senior» de la universidad con los cada vez peores niveles académicos de los pipiolos de la ESO Frente a una juventud intelectualmente apática y seguidora de los más burdos reclamos audiovisuales, aparece una madurez que, quizá sin saberlo, está dándoles una lección. Personas mayores que, precisamente por no haber tenido antes la oportunidad de cultivarse, valoran ahora esta posibilidad mucho más que los jóvenes. Las nuevas generaciones, nacidas en abundancia de recursos y de oportunidades, presentan raquitismo de ilusiones y de proyectos vitales. Existen al día, en el hoy inconsciente y miope. Esto, entre otras cosas, les impide ver en sus estudios nada que no sea la inmediata utilidad material. Es aquello de valorar la carrera según la «salida» que tenga, olvidando el acervo de satisfacciones personales y profesionales que conlleva el concepto de *vocación*.

Los mayores que acceden a la universidad, en cambio, un poco por estar libres de la exacerbada competitividad laboral de nuestro tiempo, y otro poco por haber crecido ajenos a los trastornos «multimedia», son capaces de ver en el estudio universitario algo más que una preparación para «colocarse». Casi podría decirse que los participantes en el programa «Aulas de la Experiencia» son los únicos que contemplan el periplo universitario como la edificación personal y el enriquecimiento intelectual que es. «Participando» en la universidad sin apenas pretensiones laborales, los mayores muestran a los jóvenes –para que lo recuperen– el ingrediente que les ha quitado la cultura postmoderna: el gusto de aprender.

No he visto ninguna estadística, pero adivino que la mayoría de los universitarios mayores de cincuenta y cinco años habrá elegido estudios humanísticos.

Bachillerato recreativo

Después de asegurar la permanencia de la logse –instrumento eficacísimo que ha llevado a cotas «históricas» el rendimiento académico del mocerío español–, de inventarse una asignatura que fabricará ciudadanos amaestrados, y de aprobar una ley imprescindible para que los adolescentes consoliden su profunda ignorancia histórica, el ministerio que preside Mercedes Cabrera Calvo-Sotelo ha decidido meter mano al abandono escolar que se registra en el bachillerato.

Un examen concienzudo de la situación, realizado por expertos en el «acreditado» liberalismo docente de 1935, ha revelado que a los bachilleres ibéricos no les frena la falta de motivación, sino el cateo. La maravillosa perspicacia de los especialistas contratados por Ferraz ha descubierto el gran desnivel –el desnivel «intolerable»– que hay entre la sopa boba de la eso y la etapa preuniversitaria. Sabido es que las nuevas generaciones no están preparadas para la frustración que supone un suspenso, de modo que urge adaptarse a los tiempos: para empezar, que pasen de curso hasta con cuatro «calabazas». Una idea genial que paliará, seguro, el desánimo estudiantil. Y nadie ha dicho que tan estupenda ocurrencia tenga límites: todavía quedan asignaturas que liberar de la onerosa obligación del aprobado.

El futuro del bachillerato español está, pues, garantizado; nuestro país conservará su bien ganado «prestigio» cultural gracias a que hay un gobierno de mentes «abiertas» y conocedoras de las cumbres del pensamiento pedagógico; un gobierno partidario del último período republicano, el mismo del que huyeron, entre otros, Ortega, Marañón, Baroja, Pérez de Ayala, Menéndez Pidal, Azorín y Sánchez Albornoz; o sea, la Cultura.

No deja de ser curioso.

Burdo eufemismo

Un articulista de poca monta, de aquellos cuyo periodismo tiene más de soflama de bar que de literatura, defiende a capa y espada –una capa raída y una espada mellada– esa nueva fórmula socialista de adoctrinamiento juvenil llamada Educación para la Ciudadanía. El ingenuo plumífero –cuyo nombre, caritativamente, omitiré aquí–, opina que la nueva asignatura insuflará civismo y libertad intelectual a los alumnos de secundaria. Es evidente que no ha pisado en su vida un aula y que, precisamente por eso, desconoce los estragos que han causado entre los jóvenes la falta de referencias morales, la ocultación de las verdades objetivas y la cultura del todo vale, «perlas» eminentemente audiovisuales de las que ahora se hará eco la nueva educación ciudadana.

Ajeno a todo esto, nuestro chupatintas rellena su ditirambo ministerioeducacional con citas del «filósofo» José Antonio Marina, quien afirma: "vivimos en un Estado democrático, donde existen todas las cautelas legales para defender la libertad de pensamiento y de conciencia". Una perogrullada que únicamente gozaría de cierta profundidad si su intención fuese absolutamente irónica.

El autor del artículo, enfurecido porque la Iglesia defiende la objeción de conciencia frente a la imposición de la Educación para la Ciudadanía, pierde los papeles y asegura que semejante asignatura obedece a la necesidad social, que contribuye a formar personas responsables, justas y solidarias, que combate la violencia escolar, el consumo de drogas, los accidentes de tráfico y hasta los embarazos adolescentes. Un razonamiento realmente conmovedor, de un servilismo apabullante y una mala intención manifiesta, que demuestra cuán voluntarioso puede llegar a ser un esbirro del republicanismo fantasmagórico que nos gobierna. No convence: la Educación para la Ciudadanía, con sus ambigüedades y su esencia relativista, no es más que una mentira en forma de material docente, un burdo eufemismo para no decir «manipulación juvenil».

Sudores fríos

¡Qué de sudores fríos deben recorrer las espaldas de cientos, miles de profesores cada vez que se plantan, con la muleta de las faenas complicadas y la careta protectora de su amor propio, ante la manadilla de ineducados impuniformes que les ha cabido en suerte! Sudores fríos, terrores momentáneos e impotencias contenidas, de corta duración y mucha intensidad, que son escrupulosamente silenciados, disimulados, escondidos.

–Me ha dicho Fulanito que sufre la sudoración fría en silencio.

Pero Fulanito, confidencias aparte, aguanta y calla, sin acabar nunca de plantearse por qué.

La cuestión es que hay cientos, miles de Fulanitos que negarán esto con afectada naturalidad, sudando en frío, aferrándose al clavo ardiente de cualquier experiencia pasable que proporcione algún lustre de sosiego a la rutina de sus penosas condiciones de trabajo. Sin embargo, toda rutina tiene sus peligros, como también los tienen –incluso peores– la cobardía o la indecisión; y en el caso de la enseñanza, tan perjudicado puede resultar el profesor como el alumno. Pasa ya de una década el fenómeno de la clase para dos o tres y el resto de campo y playa; el drama del docente que refugia su dignidad en un doble silencio: frente al desprecio de su labor por parte de alumnos y familias y frente a la desatención social y administrativa de sus problemas. Dos lustros y pico ha que rige la cadena de mentiras, afianzada en infundados temores gregarios; que manda el tapujo, la ocultación, el embozo y la parálisis. Diez años largos –verificados y atestiguados– llenos de clases fingidas por imposibles, nociva situación para la que no habrá salida mientras no se reconozca pública, individual y generalizadamente; mientras el yo docente no reclame una careta de oxígeno para su circunstancia. Los profesores deben romper la cadena del embuste, por necesaria, justificada o urgente que parezca; descargar el fardo encima del costillamen administrativo; escocer con la incisiva espuela de la realidad los ijares de los mandamases que hablan y cobran pero no trabajan, hasta que segreguen fórmulas efectivas de autoridad.

EN LA CAMBRONERA DE LA POLÍTICA

El escritor que analiza su entorno, a partir de un criterio determinado, en busca de certidumbres –o, si esto queda muy ampuloso, que procura dar una explicación a la realidad–, tiene que hablar en algún momento de política. Y tomar partido. Nadie puede ser neutral, aunque todo el mundo pueda fingirlo. Pero un escritor que finge no es un escritor. Será cualquier otra cosa con disfraz de escritor; alguien desenmascarable; un fraude sin sustancia. La política forma parte de la vida, porque no es el arte de la coyuntura, como dijo alguien –no es eso únicamente–, sino mucho más. Por lo pronto, una forma de intentar que las cosas vayan acercándose a la idea que tiene uno de cómo deberían ser. Y hay diversas maneras de ver el mismo fenómeno; maneras tan opuestas que brotan chispas cuando los políticos –y las personas particulares– las confrontan. El escritor es, en cierto modo, político. Tiene sus opiniones y empuja, con su palabra, en la dirección que le parece correcta. Su ventaja es que no ha de combatir en el frente de un parlamento, y las críticas a sus puntos de vista le llegan siempre por vía indirecta. Libra batallas, en efecto, pero son incruentas. Él trabaja en el refugio de su mechinal, a salvo de imprecaciones precipitadoras, reacciones impulsivas y espoletas para la irreflexión. Tiene tiempo suficiente para pensar, lo cual no es poco beneficio. El observador de la realidad no debe precipitarse nunca en sus interpretaciones, y menos en el terreno político, donde reina la susceptibilidad. La política es una cambronera inmensa por cuyo ramaje deambulan, como el barón rampante de Italo Calvino, los políticos, empujándose unos a otros hacia las púas que se ocultan, traicioneras, entre las hojas. El hombre da una importancia exorbitante a sus ideas, como si del éxito en defenderlas dependiera su propia dignidad. Tanto es así que –todos lo sabemos– en las reuniones familiares no se debe hablar nunca de política. Eso es porque somos conscientes de que hasta con los allegados más íntimos podemos tener discrepancias formidables. Así que preferimos curarnos en salud y hablar del tiempo, del trabajo, del coche o de cualquier otra fruslería. De las discusiones políticas han salido las desafecciones familiares más irreconciliables. Hasta el punto de que una conversación reprimida, más que un impulso literario, está en el origen de muchos artículos políticos. El escritor alivia en el teclado la urticaria de un silencio doméstico forzoso. Muchos de los artículos que habitan la cambronera política en la que vas a encaramarte se deben a tan loable filantropía o sencilla circunspección. Tú conoces tan bien como yo, e incluso es probable que mucho más, el terrorífico episodio que puede ocasionar un leve pisotón en el sitio equivocado.

Te confieso, por otra parte, que no me interesa especialmente la política. En los artículos que siguen ha tenido más peso, aunque no lo parezca, el ejercicio literario y el deseo personal de verlo publicado que la ideología o la combatividad. Sin embargo, no te niego cierto posicionamiento. Ni la intención de influir. Pero el punto de partida no es ideológico sino personal. No hay intolerancia ni odio en este manojo de artículos. No hay adscripción a ningún partido político. No hay militancia, gregarismo ni miopía. No hay mezquindad como la que solemos ver en la política televisada; por lo que si en algún recodo te parece descubrirla, pregúntate si no será la tuya. Esto lo digo por un tipo concreto de lector que conozco muy bien, así que no te ofenda que me anticipe a esta eventualidad. Al fin y al cabo no te conozco; y si bien mis incursiones en la cambronera política gozan de la seguridad que proporciona el puesto de observación, el hecho de haberlas publicado me deja más expuesto a ti que tú a mí.

Tampoco te amosques demasiado si discrepas de mis posiciones. Piensa que de toda tu vehemencia no me llegará ni el eco. Además, yo no tengo ninguna intención de irritarte; sólo deseo que te guste mi prosa y, todo lo más, hacerte pensar. Te dejo al pie de la cambronera política. Cógete a las primeras ramas y trepa.

Bichos en la noche

En el silencio de la noche surgen bichos. La inactividad en las calles propicia que las alimañas del subsuelo se atrevan a explorar la superficie. Todo aquel que, insomne, mate la vigilia ruando intempestivamente se habrá cruzado con la rata desorientada, la corredera suspicaz y el geco prehistórico, sabandijas nerviosas, desconfiadas, prontas a la defensa o a la huida, que han ocupado lugares que no les corresponden al verlos abandonados. Ellas no saben que la inactividad y el silencio del hombre son interinos, y con la estridente rutina de los amaneceres vuelven de un respingo a sus cubiles. Hay un equilibrio natural, una regular alternancia, una distribución de tiempos y espacios entre hombres y bichos, que conviven pacíficamente siempre que unos y otros permanezcan donde y cuando deben. Esto, claro está, no les equipara en categoría; únicamente pone de manifiesto una suerte de simbiosis, un contrato por el que los hombres disponen un refugio húmedo y nutritivo para los bichos y éstos corresponden con ciertas labores de limpieza y desatascado, sobre todo en los vericuetos menos accesibles. La rata y la cucaracha no transitan la superficie a mediodía, como el hombre no recorre las cloacas a medianoche.

Pero si la inactividad nocturna continuase por la mañana, si la calle pemaneciese desierta durante la jornada, las alimañas la ocuparían progresivamente a tiempo completo. Se instalarían, primero con precaución y luego con franco alborozo, en una floresta de infraestructuras muy útiles y, sobre todo, gratuitas. La sabandija se adapta muy bien a cualquier ambiente, y aunque vive bajo tierra, entre detritus y marranadas, no le costaría mucho aclimatarse a la salubridad y a la limpieza del exterior. Incluso es probable que la mejora en las condiciones de vida favoreciese la mejora de la especie. La rata sería más fuerte y lustrosa, y la cucaracha más gorda y reluciente. Su naturaleza, sin embargo, no cambiaría: serían ratas y cucarachas viviendo en casas de hombres; alimañas royendo sofás, emporcando alcobas, anidando en cajones de persiana, buscando el rincón sarnoso, defecando en donde se come y comiendo en donde se defeca; impostores a los que ha franqueado el paso una torpeza garrafal.

¿A qué vendría Obama?

Sabemos que Obama vino y se fue, pero no sabemos a qué vino. El presidente de los Estados Unidos visitó España y, aunque la coyuntura le obligó a recortar su estancia, hizo todo lo que tenía programado hacer, que no era, por supuesto, lo que le vimos hacer ni lo que nos contaron que hizo. Quiere decirse que intercambió cumplidos y cuchipandas con el rey Felipe, y que arengó a sus tropas en la península ibérica, pero que todo eso era en los ratos libres que le dejaba lo demás, lo que no nos dijeron pero que fue a lo que vino de verdad.

Pudimos verlo en directo casi todo el tiempo y, sin embargo, nos vedaron el casi, que viene a ser, en el fondo, el grueso de la visita. En el casi estuvo el quid, y no pudimos enterarnos porque hace tiempo que las visitas oficiales, como la prestidigitación, consisten sobre todo en lo que no se ve. Vimos a Obama por delante y por detrás, por arriba y por abajo, sin trampa ni cartón, pero no vimos el truco. Nos informaron tanto que nos quedamos *in albis*, igual que tenemos ya la costumbre de quedarnos respecto a otras muchas cuestiones. No sabemos a qué vino el presidente Oba-ma porque nos aturdieron con verónicas cronicularias y pases de pecho reporteriles, porque nos hicieron la faena de la confusión a base de capotazos de noticias y banderillas de análisis, porque nos atiborraron las neuronas con el exhaustivo despiece de un señuelo. Y es que la fórmula elegida es absolutamente magistral: taparnos los ojos con imágenes y los oídos con mensajes; imágenes y mensajes fidedignos de cosas falsas, de maniobras evasivas y entremeses pirotécnicos.

Debemos preguntarnos a qué puñetas vendría Obama como debemos preguntarnos qué puñetas traman los partidos mientras fingen que no se aclaran con los votos que les hemos dado. La hilaza siempre se ha escatimado al populacho, pero nunca tan cínicamente como en esta «era de la información» que nos lo muestra todo tan profusamente que no vemos nada.

Pregúntate a qué vendría Obama; es un misterio tan clamoroso que te hará cuestionar más cosas. Nadie te responderá, pero al menos empezarás a dejar de ser ese abducido por la televisión, ese ilota en que te habías convertido.

Lo que los pactos esconden

No es lo que son los pactos; es lo que los pactos esconden. No es en lo que consisten; es lo que hay detrás. No es lo evidente, sino lo disimulado. Es lo que los pactos no son, pero que sucede con motivo de los pactos. En la trastienda de los pactos acontecen los cambalaches de la política. El pacto sólo es la valla –con pasquines electorales– que circunda el vertedero; la baratija con que se cubren los desconchones. Y la vorágine de análisis que se genera en torno a los pactos es una vorágine de ingenuidades o, a todo estirar, un arranque colectivo de cinismos. A la sombra del pacto se cuecen las habas del pícaro interés, de la gratificación por servicios prestados, del negro quehacer antipolítico, ultrapolítico, infrapolítico y pseudopolítico. Las cosas ocurren durante la representación del pacto, cuando el público está distraído sopesando afinidades ideológicas y trayectorias históricas. En el pacto se resuelven los asuntos de quienes no han figurado en el cartel de la lucha plebiscitaria –ese «¿qué hay de lo mío?», tan castizo–. Por eso los pactos tienen resultados tan sorprendentes, tan imprevistos, tan extraños, tan absurdos. La lógica del pacto no es racional, sino española, que suele ser todo lo contrario. Aquí no se ha sabido –no se ha querido– cribar la política en un cedazo democrático, y el cemento de construir gobernabilidades que son los pactos todavía se hace con arena de caciquismos, amiguismos y compraventas. El pacto esconde la gran zahúrda en que los agiotistas ajustan cuentas con los políticos. El pacto es un utensilio muy útil para ocultar el residuo hediondo que segregan las maniobras electorales; un felpudo para estregar los pies tras cruzar el pantano del trapicheo edilicio y, sobre todo, del no edilicio. En el pacto quedan repartidas las concejalías y otras muchas cosas. El pacto esconde regateos de la más varia e insospechada índole –la casuística, lector caro, la dejo a tu imaginación–que contaminan los eventuales frutos políticos. El debate del pacto resulta excesiva, sospechosamente premioso. Demasiadas deliberaciones para tan poco asunto.

Detrás de los pactos bulle la modalidad más rancia y pretenciosa de nuestra picaresca: la picaresca satélite del poder; la que ronda, con sonrisa y andares de hiena, el cargo y la sinecura, la influencia y la prerrogativa, cuando no la venganza y el golpe.

Atisbemos lo que los pactos esconden; asomémonos a la rebotica de los pactos, y comprobaremos que no estamos tan lejos del siglo XVII como parece.

Bichos en regresión

Las últimas investigaciones entomológicas han devuelto el optimismo a más de un agorero. Los científicos aseguran que ha remitido a ojos vista el inexplicable ahínco diurno de los bichos nocturnos. La sabandija de sumidero, la cucaracha coprófaga, el ciempiés excrementívago y el gusano asqueroso, que venían saliendo a deshora de sus infectos cubiles, han tropezado con algún repelente natural o sintético –todavía no hay conclusiones fiables al respecto– que les ha puesto en vereda y hasta les ha obligado a retrocecer en algunas zonas muy concretas. La noctambulandia ortóptera, el insectario espeluzniforme que suele agitarse al calor de las humedades y las lobregueces había tomado gusto, animado por el silencio y el escaso movimiento de la noche, a brujulear calles, allanar moradas y bañar sus élitros en la luz tenebrosa de las farolas. Todo indicaba que la tendencia iba para largo hasta que un miasma indefinido pero muy eficaz, un agente misterioso pero mortífero ha puesto coto a la marabunta. Algo ha hecho que la fauna de alcantarilla regrese a sus entornos habituales ante la euforia de muchas personas que, pese a no aparentarlo, miraban de reojo los imbornales cuando se acercaba el crepúsculo y rociaban con insecticidas de variado espectro las rendijas de las puertas y las holguras de las ventanas. Nadie ha querido nunca bichos en casa, y mucho menos verlos bullir en pleno día, dejando sus plastrones al sol y cometiendo sus roeduras en presencia de los animales racionales. Lo que había comenzado y lo que podía llegar a ser si nada lo controlaba no era normal, por mucho que ciertos observadores, poseídos de una curiosidad morbosa, rechazasen a grito pelado cualquier intervención. Los bichos no deben corretear en los platos, chapotear en los inodoros, colonizar los armarios, anidar en los colchones ni asomarse por los pliegues de los billetes, de modo que la naturaleza, por sí misma, los ha puesto en su sitio. Ellos lo intentaron, aprovechando primero las facilidades de la noche y lanzándose luego, animados por el éxito inicial, a invadir amaneceres y hasta mediodías. Pero ahora están en franca regresión. Debe ser que no resisten tanta claridad; que les quema tanta luz. Eso debe ser, aunque de momento no se conocen datos oficiales.

Más tecnócratas, por favor

Basta con ver quiénes protestan: los políticos, administradores de la conveniencia y del disimulo, profesionales de la cara dura, que ven invadido su territorio de rapiña; y los comentaristas de la cosa pública, recientemente infatuados en «analistas», que temen el escaso juego extraparlamentario –las pocas oportunidades de «análisis»– que dan los tecnócratas. Porque los tecnócratas van a lo suyo, a poner en práctica sus vastos conocimientos, y no suelen generar esa dialéctica enmarañada y farragosa con que los políticos pierden su tiempo y el nuestro.

Hace muchos años que los políticos debían estar fuera de la política. En realidad, hace todos los años: nunca fue bueno que la gestión de los asuntos públicos estuviera en manos de ignorantes y petardistas. Una verdadera perogrullada cuya comprensión, como la de todas las perogrulladas, ha necesitado un trastorno social de tremenda magnitud. El apocalipsis económico ha detenido la crápula burocrática de la Europa mediterránea. Es el momento de la seriedad, y para eso no sirven los políticos, gente pizpireta y jacarandosa, cuando no cínica y desaprensiva. La seriedad es cosa de sabios, de *curriculums* excelsos y de doctores en la materia. Como los que ha puesto Mario Monti en Italia: un almirante para Defensa; una ex-jefe de policía para Interior; una experta en derecho penal para Justicia; el directivo de Intesa, uno de los principales bancos europeos, para Desarrollo económico e Infraestructuras; el propio Monti, profesor en varias universidades, para Economía… Ya no hay personajes ni personajillos. Ya no cuenta la personalidad, sino la capacidad. Es un gobierno sin un solo político. No está el horno del país para los bollos de la caricatura y de la contradicción, del tejemaneje y del mañana será otro día. La cosa es para hoy. No hay un minuto que perder, y por eso los manirrotos del tiempo y del dinero ajenos han quedado fuera.

Los «analistas» protestan, como es natural. Los de Italia y los de aquí, por aquello de "cuando las barbas de tu vecino veas cortar…". Dicen que la política deben hacerla los políticos, y con ello expresan su despecho por la mengua drástica de su ración cotidiana de carnaza. Ven venir el cese de la parola estupefactiva, y advenir el silencio de las acciones concretas e inconcusas. Habrá que volver al comentario circunspecto y documentado, y abandonar la bicoca del cotilleo político, de los dimes y diretes y de la suposición constante –qué pronto nos acomodamos–. Ardua tarea la que les aguarda. Habrán de acometerla en paralelo con los tecnócratas, a quienes también espera lo suyo: no resulta nada fácil sacar a un país del estercolero, por muy experto que se sea.

Votantes

Que voten a los dieciséis, pero que no salgan del colegio; que sean pasto político, pero que no busquen empleo; que se dejen morder, pero que no muerdan. Amodorrados por la tecnología, los jóvenes no advierten que los ponen a engordar en los colegios, que les alargan la escolaridad monótona de lo mismo todos los años para que la ignorancia se les vuelva manteca de asentimiento y solomillo de adhesión incondicional. En el país de la secundaria eterna se busca el sufragio precoz de la empanada endocrina. Se amaga, incluso, con dilatar la galera del pupitre hasta los dieciocho, de manera que sean ciudadanos a medio fermentar que no elijan siendo electores ni estudien siendo estudiantes; que sólo accedan a la dimensión activa de la sociedad como filetes tiernos, macerados en rebeldía instintiva y sin pizca de colesterol analítico. El parlamentarismo español tiene la muleta hecha jirones, y busca ganado cándido para lucirse. Los adolescentes, que rumiaban apaciblemente las bellotas del sujeto y el predicado, del verbo y sus complementos, del polinomio y la circunferencia, de la recta, el ángulo, la geografía y el decúbito narcótico, han de salir al ruedo a embestir sin preguntar, a embestir al bulto y al movimiento, a paliar el hambre de los políticos dejándose arrancar una o dos chuletas, pero luego volver al prado a seguir herbajando, a continuar el recebo de conceptos archisobados, a transformar el insípido forraje de la materia reglada, pautada y planificada en tocino de sumisión, a cubrirse la osamenta con carne de política. Los próceres efímeros de la xi legislatura se han despachado a gusto, soltando la calaverada sin esconder la mano: que voten a los dieciséis, a bisoñez descubierta, con el cerebro chorreando *whatsapps*, el discurso empapado en *tweets* y la sindéresis en infusión de *instagram*; que voten como viven, esperando el fin de la jornada lectiva y el inicio del asueto electrónico; que voten desde su cotidiano chapuzón audiovisual, desde su zambullida en el marasmo solitario de los píxeles, los megas y las contraseñas; que voten con la edad en pausa y el criterio seco; que voten como si votaran, igual que hablan como si hablaran y se ven como si se vieran.

Más Werts en la política

La creciente animadversión popular hacia la casta política deja muy claro que la sociedad ha llegado al punto de saturación y no admite más gatuperios ideológicos. Pero también hace muy patente que no acepta de los políticos ningún cambio, que no desea rectificación alguna, que ya no les da otra oportunidad. El batacazo socialista en las elecciones gallegas y vascas –y el que va viéndose que se dará en las catalanas– lo confirma. Es la ruptura definitiva entre la política y la sociedad. No más políticos «profesionales». No más políticos «de raza» –de la raza infame de los políticos españoles–. El español ha comprendido que su país no saldrá de la galerna económica con *pedigree* político, ni con la burda sofistería de siempre, sino con sensibilidad humana y con fina hilatura intelectual. Sobran políticos chusqueros, políticos henchidos de conciencia de «clase», políticos graduados en vicios de poder y propensos a la mangancia. Y faltan políticos de oficio, políticos interinos, políticos que tienen un bagaje particular al margen de la política y que se ponen a ejercerlo en ella de manera puntual, sin pretensión alguna de continuidad más alla de la solución de los problemas concretos; políticos que ven la política desde fuera o, al menos, con la distancia necesaria para que los árboles no les oculten el bosque.

La confusión y la improvisación, en política, suelen conducir al arrinconamiento del interés general. A la pura demagogia. El antídoto es la incorrección política, la meta definida, la prioridad absoluta de la esencia. Porque la esencia –contra lo que pudiera pensarse– no es nada minimalista: es humana, y lo humano está siempre, por naturaleza, lleno de matices. Necesitamos, pues, humanistas, cultos temporalmente políticos que sepan gestionar los matices para llegar al objetivo, distanciarse de su cargo y verse a sí mismos con el desenfado y el humor de los que hizo gala el ministro Wert hace unos días, cuando habló de la "multitud de mis detractores" como Quevedo hablaba del "rebaño de mis enfermedades". A Wert se le ha quedado el clásico, la letra humana inmarcesible, que resiste los años y las insidias. Por eso es un ministro sin complejos, inmune a las imposiciones de la corrección política.

Está de moda criticar a Wert; tragar sin masticar las connotaciones retrógadas o totalitarias que suelen asociarse a sus declaraciones; no ver al verdadero Wert, sino la caricatura que se le hace desde la política *racial*, esa política huera, tan castiza, hecha de prejuicios y lugares comunes. Pero Wert no es un político: es un hombre culto que gestiona la educación, la cultura y el deporte.

Más Werts en la política.

Los «contradicentes»

Entre los males más conocidos de la política ibérica están la mendacidad, que unos atribuyen a la servidumbre de las circunstancias y otros a la pura vileza; el chismorreo, patología endémica nacional; la vedetización del prócer, causa del aroma zarzuelero que atufa hemiciclos a lo largo y ancho de nuestro país; y la «contradicencia», vocablo nuevo para designar una práctica vieja: el españolísimo cambiazo del gato dialéctico por la liebre sofística.

«Contradicente» –que no «contradictorio»– es el gobernante o candidato a tal que presenta descaradamente una versión falsa de la realidad con ánimo de hacerla pasar por válida; que urde mixtificaciones y pretende sacarles provecho; que quiere poner a la política un traje del revés. En la legislatura socialnihilista que acaba hemos visto llamar «matrimonio» al amancebamiento homosexual; «educación» al adoctrinamiento ideológico; «interrupción voluntaria del embarazo» al asesinato de un bebé dentro de su madre; «memoria histórica» al escardado selectivo y sectario de lo pretérito; «progreso» al atraso, al primitivismo, a la deshumanización y a la institucionalización del rencor; «libertad» a la tiranía de lo políticamente correcto. Puro virtuosismo contradicente.

Porque la contradicencia es reciclaje del despropósito, prevaricación argumental, deformación capciosa, cuadratura del círculo, cara dura. Cuando se hicieron públicas las cifras del último informe PISA, que mostraban el vergonzoso nivel académico indígena, el Ministerio para la Educación de la Ciudadanía Española –nombre actualizado que me acabo de inventar y que sugiero al ejecutivo– no mostró excesivo pesar por tan deprimentes datos, pero sí exteriorizó la indignación mayúscula, el fastidio incontenible que le había provocado un adelanto del informe aparecido en la revista *Magisterio*. Alguien suministraba referencias al vecindario antes de la fecha fijada por la OCDE para presentar el estudio; España conocía de primera mano su elevadísimo índice de fracaso escolar; disponía de información calentita, en primicia, sin pasar por el filtro y el maquillaje de las covachuelas ministeriales. Fue un momento de ofuscación, de llamadas al zapatófono, de contrariedad mal disimulada que permitió atisbar el alcance de la contradicencia gubernamental. Los de *Magisterio* –audacia y garra periodísticas– habían pillado a contrapié al aparato propagandístico socialista, y presentaban a la gente la cruda realidad, acción que fue calificada por el gabinete de prensa ministerial como "hecho indudablemente grave", como "vulneración flagrante de la ética personal y profesional". Y luego, todavía, la pirueta contradicente, la contorsión conceptual: tratar la galbana estudiantil española de "resultado positivo, aunque mejorable".

El Gobierno que mira con buenos ojos el aborto y la eutanasia, que practica la distorsión de las mentes vírgenes, que hace concesiones al terrorismo y no habla claro a sus gobernados de las dificultades económicas que atraviesa la nación, se atreve a mentar la ética y a denunciar gravedades. He aquí el símbolo de la contradicencia crónica del PSOE, la prueba de que su prioridad no es arreglar desaguisados, sino llevar en el bolsillo una excusa, una contradicencia para cuando los contribuyentes entrevean la trama por alguna rendija.

Los requetepúblicos

Lo impaciente, lo contrariado, lo desengañado, pero también lo capcioso, lo artero y lo tergiversador han traído la confusión a la terminología política. Sobre todo en la calle, donde se utilizan unos conceptos para pedir, en realidad, otros muy distintos. La cosa no es baladí: hemos llegado al punto en que la clarificación constituye uno de nuestros principales problemas. Urge, y mucho, dar a cada cosa el nombre que mejor la designe; y no como ahora, que se llama presión social a la intimidación, movimiento antidesahucio al bolchevismo redivivo, ajuste presupuestario a la sangría popular y republicanismo al anarquismo. Nuestro lenguaje pierde la exactitud, y por tanto la esencia. Vamos camino de no entendernos hablando el mismo idioma, y la claridad es más necesaria que nunca en tiempos de crisis. No puede llamarse republicanismo al perroflautismo y la demagogia. El populismo anarquista que ha brotado entre la indignación social cogió, en un primer momento, la bandera republicana; pero eso fue sólo porque no tenía ninguna que reflejase fielmente su índole ideológica; porque lo suyo era un poco republicanoide y bastante antisistema y prodespiporre colectivo. Fue, por tanto, un abanderamiento aproximado y provisional. No acertaban a denominarse y precisaban hacerlo. Sin embargo, lo que valió para un primer momento no es aceptable ahora. Ya llevan andado un buen trecho; más que suficiente para conocerles el paño; y lo de república les queda postizo y hasta una pizca insultante para el republicanismo auténtico. Deben buscarse otro apelativo: su propio apelativo. Uno que les retrate perfectamente; que recoja su condición exagerada y caricaturesca, desmadrada y delirante, al tiempo que sus veleidades republicanas. Como requetepúblicos, por ejemplo. ¿Qué nombre mejor para quienes no se contentan con la democracia común y claman por la ultrademocracia del referéndum permanente y la dictadura del pueblo? Requetepúblicos les queda pintiparado. La requetepública es lo suyo: la eliminación de las instituciones, el asedio medieval y el desahogo vandálico; la legislación asamblearia –de asamblea callejera y a salto de mata–; el parlamentarismo de garrafón y la justicia sumarísima del temperamento; el noble y ancestral código de *Robin Hood* y la economía del abajo el rico porque me toca. Los requetepúblicos tienen las ideas requeteclaras y el programa requeteblanco para ir escribiendo sobre la marcha. Son otro tipo de requetés, antimonárquicos y anticlericales, que improvisarían requetebién si les dieran una oportunidad. Todo se andará. De momento ya tienen el nombre, que no es poco, y no usurpan el de nadie. A partir de aquí, adelante con el esperpento, cuyo ejercicio es imprescindible para que los contornos del orden y la paz social, del rigor y la vertebración política, de la cordura y la moderación resalten intensamente ante los ojos de la sociedad.

Vuelos baratos

Mientras Al Gore y Greenpeace recorren el planeta desgañitándose para que la humanidad se convenza del peligro que supone la contaminación, las compañías aéreas bajan los precios y divulgan mensajes hábilmente preparados para que la gente pierda el miedo a volar. Todo el mundo sabe –y sobre todo las empresas aeronáuticas– que ningún vehículo deja en el aire más partículas nocivas que los aviones, pero el negocio es el negocio, y si las multinacionales automovilísticas, que lo tienen más o menos asegurado, sólo dedican pequeñas porciones de su publicidad a mostrar los esfuerzos que hacen para que sus coches despidan menos carbonilla, las aerolíneas, que andan a mordiscos para quitarse clientes unas a otras, obvian por completo el asunto y se dedican a lisonjear el bolsillo del ciudadano con fabulosos descuentos y a regalar su imaginación con imágenes paradisíacas. Un caso flagrante de indiferencia por el medio ambiente que, al principio, hizo de mí un pesimista en esta materia. Yo pensaba ya que, por muchos Greenpeaces y Al Gores que predicaran el reciclaje y la reducción de sustancias tóxicas, la cosa no podía mejorar; estaba seguro de que la muchedumbre de los inconscientes excedía con creces a la de los concienciados; pero ya no lo estoy. La iniciativa de las aerolíneas –precisamente las aerolíneas– ha sido para mí una revelación. Ahora veo claro que hay inconscientes que son, en realidad, concienciados de paisano, agentes infiltrados entre los aniquiladores del hábitat para desbaratarles de tapadillo la inercia destructiva. Y la estrategia es tan simple como genial, o es genial por ser tan simple: se trata de poner el vuelo al alcance de todos; de hacer que multitudes ingentes ardan en deseos de surcar la troposfera, la mesosfera y la filoxera; de intensificar el tráfico aéreo hasta que los aires parezcan un avispero. Esto acrecentará de manera tan pavorosa el consumo de carburante que, por fuerza, precipitará la extinción de los perniciosísimos combustibles fósiles. Una maniobra espléndida que nos hará ganar tiempo y nos ahorrará dolencias respiratorias.

En breve, la polución será historia.

El FBI

Se nos ha desvanecido en cuatro días la imagen sofisticada, competente y plenipotenciaria que teníamos del FBI. Ha perdido la pátina imponente, la prestancia textil y el cabrilleo cinematográfico para transformársenos en organización bananera, covachuela truculenta, despacho de la intriga y almacén de la patraña. Se ha quebrado el pedestal de profesionalidad y eficacia en que nos lo había puesto la inmensa maquinaria propagandística hollywoodiense y lo hemos visto en bata y zapatillas, con el andrajo de ir por casa y la faz sin rasurar del sábado. Las coces que menudean entre la Casa Blanca y la Oficina Federal, junto con la ropa sucia que han tendido a la vista del mundo nos han desmontado el mito y nos han evaporado la sensación de seguridad. El traje y la corbata eran falsos: puro *atrezzo*; cartón piedra en el despampanante decorado yanki. Efectismo, prestidigitación, película, embuste. Norteamérica es un circo, un espectáculo donde todo tiene focos y fanfarria: el *baseball* y la política, el *football* y la defensa nacional, el *basketball* y el FBI. Trump es el director de la chistera desmesurada y la casaca roja, el jefe de pista, el *speaker* que satura el micrófono, anima el cotarro y enardece a las multitudes. Por su culpa nos desternillaremos, a partir de ahora, cuando escuchemos el típico: "¡alto, FBI!", que siempre habíamos identificado con el advenimiento de la caballería. El peripuesto y expeditivo agente federal nos parecerá un patán grotesco, un detective de suburbio, un sabueso desastrado, un pobre diablo, una caricatura de lo que fue. La culpa es de Trump y de Comey, y del tropel de segundos de a bordo, y del vergonzoso mercadeo de intereses, ruindades, cargos, prebendas y represalias. El toma y daca del poder se les ha llevado por delante la parte seria de la policía: el intachable, formidable y rigurosísimo FBI. El gobierno americano ha venido a ser una batalla campal de tarascas, un intercambio furioso de boñigazos, un arrancamiento masivo de greñas y una zarzuela delirante de bofetones. Trump ha roto la goma que sujetaba la máscara y ha salido a relucir la verdadera estampa de los Estados Unidos, la indomable chabacanería que siempre los ha caracterizado.

La república intuida

Vamos, a caballo de la ignorancia popular, hacia la república bananera, también llamada estado pseudotabernario en el caso de ciertos países iberoamericanos. Vamos al éxito del engañabobos, a la sustitución de la democracia por el pacto en la trastienda y al asalto del poder entre los vítores palurdos de las multitudes que parió el porro y el perro, entendido este último como la pereza gorda convertida con los años en poltronería genética. El colectivo de los atorrantes ha crecido una barbaridad en los dos lustros que dura ya el sumifigio insano de lo audiovisual, y amenaza henchir las urnas del último sufragio libre con las papeletas alucinadas de la izquierda pudiente y de la izquierda reinventada, que son dos izquierdas apócrifas por exageradamente demagogas y visionarias por sus extensas bases de cochera y sahumerio, de flauta, chucho y chándal para todo.

Esto es, en realidad, una intuición; una simple intuición que, sin embargo, y sólo por el hecho de serlo, merece ser considerada con aceptable seriedad puesto que, al menos en apariencia, nos permite soslayar unos meses de insufribles análisis y enloquecedoras tertulias, y nos lleva directamente a conclusiones bien sazonadas. La intuición es un agujero de gusano, un pliegue del espacio-tiempo que nos deja el futuro en la palma de la mano, una visión repentina que tiene la virtud asombrosa de ofrecernos una conclusión razonable sin haber pasado por el razonamiento. Y la intuición que tenemos ahora, para desespero y reconcomio de los tasadores y escoliastas del hecho político, es que Pedro Sánchez pactará con Pablo Iglesias y el oportunismo ciudadano en primera instancia, o el nacionalismo que haga falta en última pero no definitiva con tal de agarrar el butacón supremo y el zurriago legislativo.

Se intuye la tercera república, la renovación de la calamidad, el retorno de la checa y el advenimiento, a represalia limpia, del bolivarianismo ultramarino. Viene un puño en alto desprovisto de rosa: el viejo puño en alto del compromiso con la entelequia desenterrado por una entelequia sin compromiso. Llegan el antiguo resentimiento, la provecta obstinación, el vetusto encono, levantados por el odio más pedestre y atávico –esa envidia elemental del esclavo– hasta las organizadas alturas de la ideología. Intuimos que se nos echa encima el pasado, y a la vez presentimos que nuestra clarividencia no evitará que nos indigesten con el consabido pisto de coloquio.

Mentira

La de quienes dicen que pueden. La de los matuteros del revolucionarismo demodé. La de los que importan bolivar y despotismo bananero. Embuste horroroso de los que ven España como un patio maravillas y dicen a la gente justo lo contrario; de los que okupan instituciones con el ariete populista; de los que desuellan las paredes, arrancan los cables, queman las puertas y venden al peso todo el hierro que consiguen allegar. Patraña ideológica de un perroflautismo aburguesado, trilero y trefilero. Quincalla política, bisutería dialéctica, infundio gordo, alpaca pura. Dicen que pueden, pero no dicen qué pueden, y mucho menos quién lo irá pudiendo. Hablan de poder, pero esconden el designio. Todo para el pueblo, pero sin el pueblo, como dijo la cabeza que tocó fondo en el cesto jacobino. En el pero está el *quid*; porque la ignorancia es muy atrevida, y la desfachatez y el cinismo todavía más. El petardo ha irrumpido en el parlamento. La vulgaridad sube al estrado apoyando su pellejo en el estribo de la estulticia social, calentando la oreja del parado y guiñando un ojo al atorrante, liando con estraza proletaria la caja vacía de la demagogia. La podemistria se siente llamada por el destino a galvanizar el cadáver bolchevique; a ser *uno de la mayoría* siempre que la mayoría se deje manipular por las élites del partido. "Nunca es tarde para unirse, Hans", afirmaba el nazi tonto de *The book thief*. Y decía la verdad, aunque no acababa de comprenderla cabalmente: nunca es tarde para cambiar el redingote y esperar el gaje prometido.

Pelacañas, quinquis, esnobs decadentes y pijos rebotados, ingresad en el nuevo falansterio; en el ancestralismo intelectual de la doble vara de medir; en este anarquismo tan primitivo que sólo es ya egoísmo, donde todo vale porque nada importa, porque la nación es un edificio deshabitado esperando que lo pelemos y la población un atajo de indeseables con la cartera injustamente llena.

Este frankenstein doctrinal, burdo mentirón amondongado, va ganando adeptos entre la masa ciberobsesa, pokemonadicta y televidente que lleva lustros entronizando la farándula y soñando con alcanzar el nirvana de la banalidad absoluta.

Nacionalismo y otras mohatras

La mohatra, el timo, el contrato doloso, el fraude, la pura ficción, el tocomocho, la complicada tarea de no trabajar. El mediterráneo español, propicio al holgorio y a lo paralelo, ha dado al mundo ilustres mohatreros que son la flor y nata de un populoso gremio de mohatreros anónimos, humildes, oscuros, cotidianos, recoletos; mohatreros de medio pelo y escasa proyección que no brillan con luz propia en los anales de la gran mohatra ibérica, pero constituyen uno de sus principales viveros. No hay población valenciana cuya memoria colectiva carezca de varias mohatras de nota, y sin embargo nadie ha tenido nunca la ocurrencia de antologizarlas. Una lástima, porque resultaría un libro interesantísimo. Yo recuerdo haber oído hablar de un paisano mío, un tal P…, famoso por haber vendido a varios incautos la misma cosecha de un campo que no era suyo. Mohatra sencilla, elemental, ceñida; mohatra en estado puro, aunque discreta y sin alharacas. Y como esa, millones. La mohatra siempre ha sido un impulso natural en España; una tendencia genética en la que se invierten exorbitantes cantidades de imaginación: un arte. Y aquí, en Valencia, tierra tan rebosante de arte que hasta es producido expresamente para ser quemado, la mohatra había de alcanzar cotas excelsas. Tan excelsas o más que las alcanzadas por los ínclitos mohatreros castellanos cuyas «hazañas» inmortalizaron Quevedo, Cervantes o Torres Villarroel. Valencia y Castilla unidas por la mohatra. El timo, la picaresca, señas comunes de identidad, esencia compartida, elemento vinculante: nexo.

Uno se pregunta si no habrá errado la estrategia el nacionalismo al centrar su esfuerzo en la lengua vernácula. Décadas enteras de obsesión con lo diferencial, de porfía para generalizar el uso del idioma propio, han dejado incólumes muchos otros elementos de cohesión. Porque, bien mirado, si el objetivo es la separación, resultaría más eficaz romper lazos que reforzar la unidad tribal. El caso, sin embargo, es que los «lazos» tienen hoy la misma fuerza que antaño, y la mohatra une tan estrechamente a valencianos y castellanos como el sueño de la lotería o la propensión al escaqueo. Puede conseguirse que todos los valencianos hablen vernáculo sin que dejen de ser tan españoles como los madrileños. Y más todavía: con la misma facilidad que hallamos puntos de unión entre Valencia y Castilla podemos encontrarlos con cualquier país del mundo; porque todos somos unos: hombres que compartimos planeta. El nacionalismo, la segregación, el apego a la diferencia como factor de alejamiento son, por tanto, en esencia, egoísmo; y como tarea intelectual, tontería, timo, falacia, mohatra. Una tarea españolísima: vender lo que no le pertenece a uno; pretender que por hablar y pensar en catalán, o en euskera, o en gallego, no puede uno vivir esperando que le toque la lotería, ni trabajar distrayéndose con chascarrillos, ni prestidigitar con el tiempo del almuerzo, ni faltar con profundo esmero a la puntualidad, ni evitar a todo trance la formalidad, ni practicar con frenesí el arbitrismo… Todo singularidades de lo más español, y tan incrustadas en valencianos como en sevillanos. Un separatista *comme il faut* no debería dirigir sus afanes a insuflar en sus prosélitos la repulsión al castellano, sino puntualidad, seriedad y amor al trabajo bien hecho; esto los alejaría más que ninguna otra cosa de lo español, aunque tampoco los haría más vernáculos. Más alemanes, quizá; más centroeuropeos, en definitiva. Trabajo ímprobo.

Alguien escribirá un día un florilegio de la mohatra, de *nuestra* mohatra; y enseguida saldrá otro y le subrayará, mohatreramente, forzando la realidad, los rasgos propios y diferenciales. Y volvemos al principio. La mohatra es lo nuestro. La llevamos tan dentro como el idioma. Nos caracteriza, nos gusta, nos sale bien.

Opereta

Fue Azorín, que se fijaba en estos detallitos, quien puso en boca de cierto labriego aquello de que "hoy las puertas han trabajado mucho", con lo que pretendía D. José que hasta nuestros pelantrines rebosaban arte literario; que la «raza» estaba repleta de genios ocultos entre los terrones; que la pobreza secular y el medio austerísimo habían afilado tanto el idioma que hasta el más zote soltaba sin darse cuenta metáforas como puños. El paleto azoriniano simbolizaba en el trajín de las puertas el de quienes las habían manejado; y hoy nosotros, emulando al anónimo tarugo, decimos que los micrófonos y las cámaras van a trabajar lo suyo en esta campaña electoral, aunque su ajetreo será, probablemente, más postizo que nunca; que habrá en danza una cáfila de instrumentos audiovisuales, pero sólo recogerán humos y ventoleras, visajes y mentirazas, prestidigitaciones y tinieblas de cantidatos con el programa desleído en corrección política y menosprecio.

El paso del tiempo no ha restado calidad a la política nacional –puesto que jamás la tuvo–, pero sí disimulo. Aquí los políticos, garrapatas del erario, amantes de la sinecura y la cuchipanda, vienen heredando ralea desde los cortesanos y picarescos tiempos del segundo Felipe; y sin embargo, en las campañas de los últimos lustros daban el pego porque sacaban del buche unos embustes muy trabajados; porque invertían algo de tiempo en practicar la carantoña dialéctica y el aspaviento patético, y eso era una rebañadura de respeto para con la plebe. Hoy, en cambio, no se toman la molestia, y llevan al aire la carpanta de sillón y el afán de momio, la falta de proyecto y la indiferencia pura. Así que parlotearán como posesos pero escamotearán con férrea pertinacia sus auténticas intenciones; harán trabajar a destajo los micrófonos y las cámaras; nos anegarán la existencia con slogans chabacanos y fotografías de almíbar, pero zambucarán con absoluta diligencia el acíbar, que vendrá después con los pactos a traición y la feria de la inacción. Si, como decía Ortega, la política es un fiel reflejo de la sociedad, vienen las elecciones de la red social y el debate a granel, de la imagen espuria y la jerigonza tramposa, del ilusionismo desvergonzado y el sofisma de saldo: un monumento inédito a la vaciedad; una opereta con malos intérpretes y pésimo libreto.

La cima del clima

Acaba de comenzar el último pináculo mundial sobre las amenazas del cambio climático y las medidas que podrían tomarse para conjurarlas; el enésimo aquelarre del ecologismo institucional; la parodia periódica en que unos y otros van a fingir buena voluntad –algunos, enardecidos por el *feeling* del momento, llegan a bordear con amagos de concreción los confines de la vaguedad– y a estudiar los parámetros entre los que habrán de tejer sus nuevos disimulos. El orden del día no diferirá mucho del habitual en las cúspides del ramo: fastuosa recepción de magnates, edecanes y subalternos, desarrollada entre palmaditas, cabezadas y sonrisones; opulento agaporro de bienvenida, para entrar en calor, y sentadita breve pero intensa –material bien trabajado– para darle un primer tiento a la cuestión. Seguidamente, almuerzo de alto copete –quiere decirse de aúpa, de tomo y lomo, agotador catálogo culinario– para saciar los aguerridos bandullos, que han salido incólumes del desayuno, y remojar los gaznates agotados por el parloteo. Luego descanso general –aproximación a la siesta española– como antesala de la sesión vespertina de la gran interpretación, en la que tendrán lugar las apoteosis dramáticas, los compromisos gesticulados, las tomas de conciencia patéticas, los aseguros, los prometos y los visajes de alta escuela. Si los grandes actores de la historia, serios, consecuentes y enamorados de su vocación, hubieran tenido el campo visual menos empequeñecido por la fiebre corporativa, seguramente hubieran desechado el *Actor's Studio* para emplearse a fondo en las cumbres del clima, donde hubieran aprendido por lo fino el complicadísimo arte de la representación. No falta quien afirma que el *Oscar*, para el que nunca les faltaron cualidades, hubiera llegado antes.

Este año se han sumado al elenco de la cumbre los presidentes de dos países con larga y fructífera tradición cinematográfica: China y EEUU; con lo que la diversión está completamente asegurada, porque les veremos rubricar junto al resto de actores, y con una logradísima expresión de solemnidad, varios papelotes realzados con vistosos membretes, que inmediatamente serán guardados con gran prosopopeya en las carpetitas de piel repujada que forman parte del imponente *atrezzo*.

Terminada la función, cada uno a su casa en contaminantísimos reactores, y el resto de los hombres a conducir felices, pisando con arrobo el acelerador en vehículos trucados; a combatir el frío con millones de calderas diésel; a emprender cruceros en barcazos como ciudades que surcan el mar entre nubes de CO_2, y a practicar el turismo compulsivo en aviones que dejan el cielo hecho una maraña y el aire irrespirable.

Empiezan los ensayos para la próxima cumbre.

Toros y préstamos

Resultaría cómica, si no fuese tan lúgubre, la estupidez de soltar un rebaño de toros y correr dando brincos y trompicones detrás, delante y en medio de sus cuernos. También resultaría comprensible, si no fuese porque no hay manera de comprenderla. El caso es que se organiza la majadería y, además de los tontarras nacionales, acuden miles de cretinos de varios países. No es, pues, una vergüenza española, sino mundial. Un aquelarre planetario en honor de la irracionalidad y de la ordinariez que sirve, al menos, para demostrar lo gratuito, universal y vocacional de nuestra sanidad pública. Médicos, enfermeros, ambulancias y utillaje clínico en abundancia se hallan dispuestos a lo largo de las calles que atraviesa el tropel de brutos para curar las heridas que puedan sufrir los antropomorfos. Les atienden rápida, profesional y gratuitamente, cosa que me parece muy requetebién, ya que tan herida está la víctima de un accidente como la víctima de una imprudencia. El problema es que hay muchas clases de lesiones y muchas clases de imprudencias, y no todas reciben la misma consideración. Imprudencia por imprudencia, uno puede correr como un toro flaco en las calles de Pamplona o comprarse un chalé muy por encima de sus posibilidades, y tanto derecho tiene uno a ser cosido y vendado si una pezuña le revienta el muslo derecho como a ser auxiliado económicamente si el banco amenaza con embargarle por no hacer frente a los plazos. Uno intenta, cuando galopa el encierro y cuando cabalga el préstamo, que no le derribe la bestia, y no acaba de comprender la discriminación que sufren unas cogidas respecto de otras; que para unas haya cirugía y para las otras nada. Tan imprudencia es bailar entre toros como bailar entre prestamistas; pero mientras los táurigas contusos reciben servicio público, los prestatarios magullados carecen –flagrante agravio comparativo– de liquidez ninguna. Hay que reivindicar la equiparación administrativa para todo tipo de temeridades: contribuiría extraordinariamente a la justicia social.

Todo se sabe

Nadie sabe o sabía nada, pero ese no saber ya es o era saberlo todo. Porque no sabiendo nada ya se sabe o sabía del no a la estabilidad precaria y de la mira puesta en el cachondeo recio, y porque se han colgado y se siguen colgando andrajos para tapar el ansia vergonzosa por el mando y los doblones. La farsa empezó llamando negociación al trueque, y arrimando el estorbo del gobierno para discutir primero las cuestiones pecuniarias, que son aquí las importantes. No se conocen o no se conocían los vericuetos del chalaneo político, pero la conducta de sus protagonistas deja muy claro el resultado final: que no habrá gobierno por mucho que lo haya, ni acuerdos por mucho que se firmen; que sólo habrá sueldos y prebendas, asientos y sinecuras, disimulos y arbitrismos, componendas y falacias, mentiras y medias verdades; que subirán los impuestos y bajarán las pensiones porque todo es poco para sostener el inmenso armatoste administrativo; que aumentará la formación profesional y menguará la universidad porque somos un país de servicios que necesita camareros y no eminencias; que habrá clientelismo electoral, subsidiadores y subsidiados, prestidigitadores y prestidigitados, timantes y timandos, dividendos y divisores con resto cero y cociente separatista, que de ilusión también se vive y alguna sale a cuenta. De modo que nadie sabe nada pero todo se sabe, porque de donde no hay políticos no se puede sacar política, ni estado de donde no hay estadistas.

La población observa, entre atónita y risueña, este preludio de los tahúres, mientras espera la esperpéntica fuga tentándose la bolsaza del dinero negro –hágamelo en «b», que se lo gastarán reformando despachos–; porque la población, contra lo que piensan los figurantes que han tomado el congreso, no se chupa el dedo, y conjura las alcabalas con tocomochos. Que no se afanen, pues, los cargos electos fingiendo ajetreos y componendas, transacciones e investiduras: al final habrá unos que mandan y otros que se defienden. Alcabala y escamoteo. El mismo juego de supervivencia de siempre. La gente aparenta novedad y expectación, pero sabe que gobierno ninguno y gobernantes menos. Los analistas y los retóricos dicen que no hay nada claro, pero sólo es por cambiar el escaparate, por matar el tiempo en el palco y, de paso, insuflar emoción a unos espectadores que conocen el final.

El sí del no

Dicen que Sánchez ha descubierto el sí del no; que diciendo no a Rajoy dice sí al progreso; que impidiendo la formación de un gobierno inquisitorial abre las puertas a la de uno libertario; que su no es un sí, una negación positiva, un prodigio de la nigromancia política solamente comparable al teorema de Pitágoras, a la geometría cartesiana o al binomio de Newton. Niega Sánchez y afirma; encaja toda la sustancia del sí en un rotundo no; supera la lógica tradicional y alcanza regiones inexploradas del conocimiento, donde las cosas no significan lo que parece que significan y los conceptos bailan al compás de un ritmo desconocido. Sánchez ha logrado la negatura del asentimiento; ha llegado al confín de la lingüística y ha doblado la esquina; ha enunciado el no más afirmativo de la historia, el más inclusivo, el más abierto; el no cuya existencia nadie sospechaba; el no misterioso; el no que permanecía oculto en las profundidades del saber humano; el no cuya comprensión requiere nuevas conexiones neuronales y nuevas orientaciones mentales; el no que pone a trabajar las partes inactivas de nuestro cerebro e invalida la semiótica, la semiología y la filología tal como las conocíamos: el no pero sí. Es la refutación total de Saussure y la glosemática; la impugnación de los círculos de Praga y de Copenhague; la sentencia de ignominia y olvido para Chomsky, Alarcos, Martinet y tantos otros que desperdiciaron sus vidas recorriendo sendas equivocadas en la investigación de la lengua. Quién les hubiera dicho que de la política saldría el mayor hito lingüístico. Pedro Sánchez es una inteligencia privilegiada, un líder nato, un portento político de los que no nacen dos en un siglo. Asegura que no y, en realidad, está diciendo que sí. Niega y, sin embargo, afirma. Pliega las acepciones de las palabras con la velocidad luz de su pensamiento. Convierte su no a lo que ha pedido el pueblo en un sí a cierto cambio espectral, vaporoso y tan arcano, sutil y aparentemente contradictorio que nuestro entendimiento ni siquiera lo vislumbra. El sí del no de Sánchez se nos escapa; está delante de nosotros y no lo vemos; aunque algo sacamos en claro: que no hace falta repetir elecciones porque ahora, con estos noes que son síes, el barco acabará llegando siempre al mismo puerto.

Subvertilandia

Uno pensaba que se hacían fallas para quemar en ellas lo negativo; que los monumentos representaban lo malo, y las llamas una suerte de catarsis. Por eso quedó uno perplejo al ver la falla menor del ayuntamiento, donde se figuraban algunas manifestaciones de la imaginación infantil. Resultaba inexplicable como falla; perdía su sentido ustible para quedar figura de museo; cambiaba su esencia efímera por unas ínfulas de perdurabilidad. Supone uno que semejante mudanza obedece al miasma subversorio del nuevo gobierno municipal, a esa ideologización apestosa que desnaturaliza cabalgatas, falsifica celebraciones, desentierra enemistades y modifica rótulos. Valencia vive un frenesí subversivo que le corrompe la política y le abellaca la existencia; un despliegue abanical de cambiazos, prestidigitaciones y cambalaches que la vuelve subvertilandia desatada, ciudad imprevisible y desconocida, inhóspita y delirante, tiñosa de conceptos y puerca de superficies. Una subversión que merma la calzada y acocea el comercio, que republicaniza el aire y empioja el glamour, que oscurece las noches y enmaraña los días, que vulgariza y puebleriniza, obstruye y empobrece. Nos ha caído encima un espeso brumón subversófilo, una melopea revoltosa, una subversíada pedaleante y coactiva, sectaria, fanatizada y ordenancista; un engendro consistorial que lo mismo trastoca una falla que desfigura la historia; un prebostazgo con fondo bausán que se atolondra y abre de golpe la balconada sin pensar en los portazos que provocará el ventarrón de la ordinariez. La falla infantil del ayuntamiento parecerá una minucia, pero no tiene precio como detalle ilustrativo de la gestión que nos atortuja la realidad. Es lo que tiene la transgresión por sistema, la transgresión compulsiva y encubridora de la falta de talento, la transgresión como divisa de un poder pitañoso y retrógrado por impositivo e intolerante: que nos conduce a la subversión garrafal y al disparate morrocotudo, a la mitificación de la mixtificación. Votad progre; votad insurrecto; votad motín y revuelta; votad asonada, perroflautismo y guerracivilismo; votad histrión y saltimbanqui; votad malabarista de semáforo y huelguista estudiantil; votad agitador y atorrante; votad payasadas y sesgaduras; votad resquemores, tergiversaciones y cinismos; votad caducamientos y trasnochaduras; votad improvisaciónes, alcaldadas, nepotismos y ligerezas; votad contumacia y mentira gorda, y pronto no reconoceréis ni las fallas.

El sabañón de la herencia

La gente ha empezado a quejarse del sabañón en que se ha convertido la herencia. No se acepta ya el impuesto a la muerte, la gabela duplicada, el atraco gordo que perpetra el Estado en el bolsillo de quien recibe los ahorros de sus familiares. La protesta empezó en varias «plataformas» civiles, pero se ha extendido como aceite de oliva en papel de inodoro, comparación en que la idea de justicia es el aceite y la mentalidad popular, dado su estado general, es la humilde aunque imprescindible celulosa cagalar. El absurdo y elefantiásico armatoste administrativo inflige sendas exacciones al que vende y al que compra un inmueble; luego le va propinando al dueño un zurriagazo anual porque sí, habida cuenta que la basura, el alcantarillado, el agua, el reciclaje y cualquier otro servicio anejo a la propiedad se pagan aparte; y finalmente, cuando abandona este valle de tributos, tasas y gravámenes, sus hijos han de pagar por el derecho a seguir abonando recibos y apremios. El denuedo recaudatorio de las autoridades, animado por la transigencia ignominiosa de un vecindario absolutamente catatónico, ha llegado al nivel máximo, a la categoría draconiana, que supone perder los papeles y descargar un bastonazo tan tremendo, excesivo y desaforado que ha hecho crujir el nervio crematístico de la sociedad, oculto bajo los costrones caprichosos, irreflexivos e inmediatoides de la epidermis colectiva. El canon de sucesiones ha pasado, pues, al primer plano de la vida política nacional; está en boca de todos, y las autoridades no pueden seguir soslayándolo. No queda otra que suprimirlo, porque su presencia o ausencia será –si no lo es ya– condición *sine qua non* para emitir el voto. El audiovisualismo nos ha postrado las entendederas y nos ha endurecido la corambre hasta el punto de que tragamos falacias crudas y soportamos bien el vergajazo medio, la rebenquina de galera que aviva el ritmo y sincroniza la boga. El escarnio flagrante, la rechifla despiadada, el vilipendio inhumano, en cambio, todavía lo sentimos, y el Gobierno tendrá que abandonar el alcabalazo a los muertos para no ser atropellado por la indignación de los legatarios. El sabañón ha enrojecido mucho, y pica lo indecible.

Una casilla para RTVV

La hedionda pocilga de corrección política en que chapoteamos despide un miasma tan espeso que ralentiza el pensamiento. Véase, como ejemplo, la ninguna protesta que ha suscitado la reapertura del pozo sin fondo, el saco roto y el despilfarro innecesario que fue y seguirá siendo RTVV; una televisión regional que, como todas las demás, únicamente sirve para colocar amiguetes, pagar favores y dar sahumerios al poder de turno. Volverán a sangrarnos a cambio de anunciarnos calor en verano y frío en invierno. Volverán a cortarnos la bolsa para trotar la geografía valenciana en busca de nieves y bochornos. Volverán a desvalijarnos para decirnos lo que ya sabemos; para duplicar el informativo local de RTVE como el gobierno autonómico duplica la delegación del gobierno central; para entretener a los tontos con detritus audiovisuales y películas de un euro el saco. Volverán a pegarnos la sanguijuela de la manipulación ideológica, del catalanismo forzoso y del tocomocho lingüístico. Volverán a saturarnos de fallerío, dulzaina y pelota valenciana. Regresaremos a la chabacanería y al provincianismo, a mirarnos el ombligo, a espulgarnos la pelambre y a reírnos como chiflados mientras abonamos la cuenta con toda formalidad. Nos impondrán otra vez la RTVV sin dejarnos elegir, sin añadir una casilla voluntaria en la declaración de renta, sin darnos opción alguna. Nos anularán la voluntad; nos pasarán por encima el rodillo del poder; nos abrirán una ventana en casa para lobotomizarnos, ilotizarnos, humillarnos y estercolarnos. Retornará la televisión sin motivo, el sumidero del caudal público, la ruina presupuestaria, la factura gorda; y la culpa será del anterior gobierno, que cerró la zahúrda pero no vendió el material ni demolió el edificio, que se dio cuenta del error pero no puso trabas a la previsible contumacia. De modo que nos abrirán de nuevo en canal, incrementarán la potencia del exprimidor, nos convertirán la pulpa en estopa, sacarán de nosotros lo que haya de aprovechable y el resto lo tirarán a una compostera, para ver si fermenta y hace guano.

Impidiéndonos que pongamos una equis para que destinemos cierta porción de nuestras gabelas a la nueva RTVV, los adalides de la libertad nos reducen a la esclavitud más elemental y degradante.

Transición a la casta

Podemos ha olido el dinero. El neobolchevismo anticasta y asambleario ha columbrado, entre los guarismos de las encuestas, que tiene al populacho en el bolsillo; que puede hacer la cosecha fácil del desengaño y la frustración, y acceder al parné copioso del cargo, la concejalía, la subasesoría, las dietas y el personal de confianza porque la gente, resabiada con la demagogia bizantina de los grandes partidos, devora sin sospecha la grosera demagogia urdida en los telares callejeros. El penetrante olor del euro ha inflamado la pituitaria del revolucionarismo elemental, y sus archititulados dirigentes tratan de metamorfosear sus bases perrofláuticas y okupas en algo lo más parecido posible a un partido político. En las filas de Podemos ya no se habla de rodear el parlamento ni de hacer *escraches*; ahora se habla de articulación, de jerarquización y de vertebración, de programas y estrategias. La cúpula de Podemos, con el simple vislumbre del poder, se aburguesa e intenta que se aburguese todo el colectivo, algo que sin duda conseguirá, puesto que nadie codicia más intensamente la sinecura política y el *aristocratic way of life* que los rastafaris, los okupas y los perroflautas. De modo que no resulta descabellado anticipar que todo el idealismo anarquista, toda la sustancia populistoide y cacerolera del Podemos inicial se diluirá, se disolverá, se desbravará y será sustituida por una lista de consignas, por un «proyecto», por un *programa*. El olor del dinero hace que Podemos pierda la espontaneidad y la frescura; que pierda su democratismo radical; que pierda su esencia y se transmute por momentos en un partido castizo donde los haya. La dictadura del proletariado, a la vista de un sondeo que le augura el éxito electoral, ya no quiere imponerse *por* la fuerza, sino *con* la fuerza de las urnas; cosa que, sin embargo, no significa que se haya vuelto más democrática, sino más retorcida: si la dictadura del proletariado es elegida por el pueblo al que dice defender, este pueblo no podrá reprocharle nada si se carga de un plumazo la propiedad privada, o si el país queda sumido en el ostracismo internacional que hacen presumir las medidas económicas anunciadas para el caso de alcanzar el mando.

El ultrajacobinismo hace ver que pasa por el aro, que se organiza y estratifica como corresponde a un partido *comme il faut*. Es el poder de la pasta; el hechizo del sueldazo y la prebenda. Si los antisistema se vuelven sistema, ¿quién los antisistemizará? La historia –reciente y antigua– nos enseña que todo mandatario político, al tacto del dinero, al arrimo del pesebre, se vuelve conservador y déspota. Por eso las veleidades de ortodoxia política, la transición a la casta en un partido revolucionario que nació del petardo y la demagogia no inspira ninguna confianza. Bien mirado, Podemos no es tan distinto de los otros como quiere hacernos creer.

España, levedad insoportable

Para Europa, sobre todo. Hace meses que la vieja y experimentada Europa no atiende a los representantes del gobierno español, sino que atisba –entre mosqueada y sorprendida– por encima de sus cabezas, buscando alguna coincidencia entre lo que oye y lo que ve. De Guindos y Rajoy entonan con sospechoso ardor la salmodia de las estructuras y el proyecto, de la solvencia y la seriedad, pero luego el borrador de la reforma educativa queda en agua de borrajas tras un encuentro a diecisiete bandas, o las comunidades autónomas rezongan entre dientes amenazas de insumisión al ser presionadas por el ministro de Hacienda. El prestamista, pues, no las tiene todas consigo; desconfía del prestatario porque va teniendo barruntos de lo que aquí sabemos todos y el gobierno el primero. Por eso difiere poco a poco la concesión de ayudas, anunciándola primero, explicando luego que llegará dentro de un año, y condicionándola por fin al dictamen de unos expertos. Europa no acaba de ver claro a quién o a qué le prestará su dinero; mira y remira, pero no se resuelve a nada porque, al igual que Ortega –todavía el más europeo de nuestros filósofos– parece preguntarse, perpleja, qué cosa es España. Esa profunda cavilación tiene suspensas las decisiones de Bruselas, y de nada van a servir las pequeñas ofrendas de Rajoy –esos millones del enésimo y antepenúltimo zarpazo a los funcionarios, por ejemplo–. Europa necesita constatar que los mandatarios españoles representan algo; comprobar con qué instrumentos cuenta Madrid para controlar a la periferia; saber si el centro tiene algún poder centrípeto en realidad –o, mejor aún, verlo actuar con eficacia–. Europa exige algo más que recortes fáciles: quiere que le presenten un país, una sociedad que comparte objetivo, y el gobierno español sonríe, disimula, cuenta milongas y tira balones fuera porque no lo encuentra. Bruselas ve cómo a Montoro y a Wert les crecen los enanos, y se da cuenta de que son ministros de una entelequia; de que la mayor amenaza para la economía europea es un concepto inaprehensible, un planeta gaseoso, un espejismo. De Guindos va y viene, sube y baja, grita y suplica, discretea y secretea, pero no consigue disipar la sensación holográfica. Europa ve ante sí un ente ingrávido y abstracto cuya levedad le resulta insoportable.

Sigue aquí el Barroco

Cinco jefes y asesores a dedo. Cinco paniaguados más. Cinco sinecuras a cargo del maravedí público. Cinco momios a repartir entre los amiguetes, y a firmar con la tinta cínica que se guarda en los vetustos cajones de la trastienda. Sigue funcionando el covachuelismo político, la camarilla barroca, la socaliña del poder. Los aposentos del gobierno valenciano huelen a siglo xvii; y sus ocupantes, ataviados con el negro jubón de ignorar plebeyos, reparten prebendas fantasmagóricas a cuenta del oro náufrago que imaginan surcando el mar muerto del crédito europeo. Cambian los tiempos, pero no el jaez. Antañísimo fueron las ambiciones imperiales las que arruinaban el país; hogañazo son las codicias personales. Entonces nos gobernaron soñando vanas glorias terrenas y alucinantes orgullos raciales; ahora nos gobiernan desde la urbanización veraniega, el coche oficial y el piscolabis babilónico; desde la librea pija del traje y el abalorio, el cogote rizado y el pelucón descomunal. Las rígidas gorgueras del barroco han dado paso al suave algodón de Ralph Lauren; la imposición salvaje a la vaselina del *Diari Oficial*. El cambio, sin embargo, sólo es aparente; de modo que no salimos de la chorrada y la majadería, de la fatuidad y la grandilocuencia. Mientras el asendereado súbdito intenta reposar el espinazo y combatir el espantoso bochorno canicular, la colmena política bulle de actividad. Es el momento de la gratificación y la propina, del aguinaldo y el enchufe, de premiar al esbirro diligente y colocar al mucamo fiel, de bailar una carísima contradanza de sonrisas y palmaditas cuya minuta engrosará la deuda pública.

Siguen aquí los Montalbanes, los Osunas, los Pacheco Narváez y los Olivares; sigue aquí el barroco; sigue aquí el abismo entre los que gobiernan y los gobernados. Los políticos de ahora no son de ahora: son los del siglo XVII que siguen aquí, con sus contubernios y sus conventículos, con sus intrigas y sus aquelarres, imponiendo a la sociedad el mismo estelionato de siempre.

Las cinco plazas de alto funcionario aparecidas en el DOGV dejan muy a la vista las cartas marcadas de la política, el envés de los recortes y sacrificios que se nos venden a diario como único remedio. La supresión de pagas extras y el incremento del IVA no eran para combatir la recesión, sino para costear las nuevas archinóminas con que sigue acreciéndose la mojiganga burocrática.

El anticódigo

Ya no son las medias palabras, las reticencias o las anfibologías habituales; lo de ahora es nuevo: asistimos al nacimiento y desarrollo veloz de un auténtico anticódigo. La crisis aprieta; y los políticos, impelidos por la necesidad, han dado con el proteico resorte que ocasiona el salto evolutivo. Se han superado a sí mismos; han inaugurado un estrato inédito en la historia de la mendacidad política. Un estrato de tan compleja sutileza, de virtuosismo tan exigente que les pone a prueba la capacidad; y los vemos atorarse y azorarse, titubear, buscar ansiosamente la expresión adecuada; hilar, en fin, un discurso balbuciente, sincopado, receloso y evasivo para disfrazar de voluntarismo la burda patraña o, cuando menos, para evitar que se les carie la dentadura con el sarro de los embustes. Los ejemplos fluyen abondo en cualquiera de las parodias de comparecencia que se ofrecen a diario en los garitos del poder. La de Lola Johnson, el otro día, para «explicar» la «remodelación» de ciertas consejerías; o la de Rubalcaba, enunciando cómo será la precariedad laboral que viene –la nuestra, no la suya– son bastante representativos. Resultaban curiosos los asomos de irresolución, de dificultad y de angustia expresiva con que la veterana periodista y el candidato socialista desarrollaban sus respectivas alocuciones. Curiosos, pero no inexplicables: aquélla tenía que alcanzar, novata en el cargo, el último nivel conquistado por su nueva profesión; decir, bisoña en la fantasmagoría política, y no decir; hablar de remodelaciones, optimizaciones y recomposiciones, pero no de «reducciones» ni «eliminaciones»; consumar la prestidigitación de la solidaridad institucional con el vecindario contribuyente; interpretar una pieza de anticódigo; y la verdad es que no le salía demasiado bien –lo cual, bien mirado, es todo un elogio–; éste vestía de pausas las vacilaciones: disimulaba mejor. El caso es que unos y otros combaten el déficit público –el despilfarro administrativo del dinero común– a base de anticódigo. La casta política profiere quintaesencias retóricas y trampantojos oratorios; alude a las exacciones públicas en términos concretísimos y se vuelve confusa, difusa y abstrusa cuando finge proponer medidas para gastar menos en los ámbitos oficiales: ha fabricado un mal antilenguaje, un flojo elixir que sólo transmuta el cieno mentiroso en oropel aparente; y esta crisopeya falsa la ejerce con las muchedumbres atontadas por el fútbol y la falta de lectura como los tahúres barrocos ejercían el fraude y la picaresca con la chusma analfabeta; y todo por mantener la ganancia y sostener el armatoste burocrático.

El último estadio evolutivo de los mandatarios es el anticódigo, la neofalacia, un sistema de tan difícil ejecución que muchos acaban trasluciendo la hilaza. Un procedimiento poco fiable, defectuoso, que no se ha destilado en laboratorios asépticos, con instrumental nuevo e higiénico, sino en las zahúrdas de siempre, con alambiques puercos y redomas mugrientas: los tugurios políticos; que, hoy como ayer, están llenos de caraduras, arribistas, gorrones y sinvergüenzas.

Los otros indignados

El «movimiento» de los indignados pierde brío; se desinfla; periclita; se va desvaneciendo. Entre otras cosas, por falta de originalidad. Todo lo que no es original acaba siendo puesto en evidencia por los acontecimientos, y a los indignados de plaza y acampada les ha salido un rival inesperado; un rival de más larga trayectoria que les ha ridiculizado las pancartas y las «asambleas»: el colectivo que venía mostrando su indignación desde un muy querido y todavía más buscado anonimato, y que ha cobrado relieve gracias a cierto dato publicado recientemente por FUNCAS. La fundación de las cajas de ahorros anunciaba el otro día que, en este país, un 25% de las actividades económicas tiene lugar al margen de la ley. Hoy sabemos, pues, que la economía sumergida es el cauce de la verdadera indignación española; que la más genuina forma de anarquía, el auténtico movimiento antisistema, el desprecio y el reproche más virulentos que pueden hacerse a la «clase política» no corresponden a las partidas pseudohippies, sino a los callados y numerosísimos practicantes del trabajo libre de impuestos. Eso es atacar el sistema, y no los talleres y los juegos malabares en que ha consistido el jolgorio del 15-m.

La indignación ingenua de rastas y perroflautas ha corrido a esconderse tras las faldas maternales en cuanto ha irrumpido en escena la indignación adusta, adulta, veterana y terrible de los autónomos y demás currantes que, hartos de sufragar con el producto de su esfuerzo la bacanal de los políticos, han dedidido cerrarles el grifo, guardarse negros los ingresos para instigarles a cambiar. Es el cambio cualitativo de la economía sumergida; la transformación intelectual de la picaresca patria. Ya no se trabaja clandestinamente por mero afán pecuniario: ahora la cosa tiene también tintes ideológicos, aires de barricada incruenta. La economía sumergida es la verdadera indignación, la que deteriora el sistema y coacciona la política; la que no grita ni hace payasadas, pero evade impuestos a porrillo. Porque a los políticos, que tienen la cara muy dura y son consumados estilistas de la gramática parda, no les afectan las consignas garabateadas en cartones, ni las recriminaciones verbales, ni los estruendos mediáticos. El punto débil de los políticos, como el de casi todo el mundo, es el dinero; y los verdaderos revolucionarios, por tanto, son aquellos que se ganan los cuartos a espaldas del Gobierno. Son los otros indignados, anteriores a y más eficaces que los pipiolos de rasta y botellón; gente normal que, harta de ser sangrada para costear sinecuras, ha decidido prescindir del Estado en su lucha por la vida y dar, de paso, a los políticos donde más daño les hace; trabajadores que, viendo el uso que da el poder al dinero de los impuestos, consideran el fraude como una sisa que se hace al atracador; indignados que manifiestan su contrariedad escamoteando el diezmo al César. Sumergirse supone, para ellos, ocultar algo a la carpanta recaudatoria de un organismo administrativo desorbitado.

No tardará en aparecer quien establezca la relación matemática entre la indignación social y la inmersión de la economía.

Origen deportivo del odio

Hay un origen deportivo del odio como hay un origen deportivo del Estado. El bastidor en que Ortega bordó su famoso ensayo –aquello de las hordas y su recreativa inclinación a cometer barbaridades– puede utilizarse otra vez cambiando la tela del Estado por la del odio, y se obtendrá una explicación bastante aceptable para la incógnita que tiene hoy perplejos a muchos comentaristas políticos que se mesan las barbas y desorbitan los ojos como refuerzo mímico a la pregunta de por qué los jóvenes cargos públicos de Podemos y los jóvenes que simpatizan con ellos, la mayoría de los cuales han vivido sin apreturas económicas y han tenido acceso a estudios universitarios, acumulan cantidades de odio tan enormes como las que mostraron el trece de junio a la puerta del Ayuntamiento de Madrid contra miembros del PP y de Ciudadanos. Porque no es un odio interpretable a la manera en que se interpreta el que pudieron sentir quienes padecieron la guerra civil, ni susceptible de razones como las que pueden tener quienes han sufrido ciertos tipos de humillación laboral o de marginación social. Es un odio nuevo, sin causa exterior, que brota deportivamente de unas hordas nuevas; una manera de canalizar el desasosiego producido por la insatisfacción; un procedimiento lúdico para mitigar el suplicio que la deshidratación espiritual inflige a unos jóvenes que viven mutilando su existencia, recortándose una de las dos dimensiones en que, como seres humanos, consisten.

El delirio anticlerical y antisistema de los hinchas de Podemos no es fruto de una convicción ideológica ni de una reflexión intelectual, sino mero desahogo nervioso, mera convulsión física, mera manifestación deportiva. Los aullidos y aspavientos que dirigieron hacia Íñigo Henríquez y Begoña Villacís no tenían base argumental. Tampoco llegaban a muestras de intolerancia. Sólo eran deporte; actividad muscular; vesania proyectada contra cualquier cosa en un intento de corporeizar su motivo interno y no discernido; espasmo galvánico activado por almas desnutridas, cansadas y agobiadas.

La basura y la política

Tanta danza de guarismos, tanta interpretación, tanto debate, tanta tertulia socioeconómica, tanto «analista» trotando platós, tanta parola y tanta fantasmada para que, al final, haya sido la basura la que descarte definitivamente los recortes como solución a la crisis. En efecto: según el ayuntamiento de Valencia, la vorágine fallera del 2013 ha generado un 2'5% menos de residuos urbanos que la del 2012, señal indiscutible de retracción turística. La gente ha salido menos. El presupuesto ya no llega para salir; y si llega, no alcanza para gastar. Pregúntese a los churreros, achicharrados por el fogonazo municipal. O a cualquier otro minorista. Las pérdidas del comercio son directamente proporcionales a la sangría social que practica el multigobierno. Los recortes, por tanto, no son la solución. Pero nuestros dirigentes no lo ven así: las hormigas locales, provinciales, autonómicas y nacionales viven, a medio y largo plazo, del petardo europeo; y a corto, del pulgón pedestre, del ciudadano raso, al que saben condicionar y coaccionar con habilidad suma para que segregue sin pausa el mosto pecuniario. El INE dice que uno de cada cuatro españoles roza ya el umbral de la pobreza, y el aparatazo político, el gran hormiguero burocrático se frota las antenas: aún queda jugo en tres de cada cuatro pulgones; aún darán de sí algo de líquido con que paliar los rigores del déficit; así que la reanimación del comercio, el estímulo de la economía y el adelgazamiento del monstruoso tinglado institucional pueden esperar. Quien come poco, defeca poco; pero si algo defeca, es que algo come. Las fiestas falleras han dejado este año 7.800 toneladas de basura en la calle –200 toneladas menos que las del año pasado–. Son, todavía, muchas toneladas de basura, y el optimismo de la clase política no tiene límites. Defecan, luego comen –piensan–; se les puede, pues, recortar la ración. Irán estrujándonos hasta dejarnos purgando en cebolla, como los caracoles. Sin embargo, no acabaremos convertidos en tapa de bar palillero: nos necesitan para mantener su interminable sinecura, para ir dando largas a la Europa nórdica e insensible, para que no se pierda una sola de sus covachuelas en el combate contra la crisis. ¿Para qué cerrar la subsecretaría segunda del quinto asesor suplente si el populacho puede cubrir de basura festiva las calles con la calderilla que conserva en la faltriquera? Es un punto de vista distinto, contrapuesto a la verdad que nos ha revelado la basura; pero no lo aceptamos porque somos unos blandengues, unos gandules, unos antipatriotas y unos defraudadores. Si no fuera por los gobernantes, nunca sabríamos hasta dónde podemos llegar. Ellos nos hacen ver que podemos, con solo nuestro esfuerzo, sufragar la retícula vastísima, el monumental armatoste administrativo que han ensamblado, legislatura tras legislatura, los poderes de turno. Deberíamos esponjarnos de orgullo, en vez de aullar y echar espumarajos. Vamos a sacar el país de la quiebra sin auxilio de nadie, a pulso, llevando a los políticos en la silla de mano de nuestro expolio. Adaptemos cuanto antes nuestro estómago a la sabrosa cebolla.

EN EL SOTABANCO DE LA CULTURA

Los escritores españoles no han dejado nunca de quejarse de la escasa cultura que hay en este país. Podríamos rastrear nuestra literatura y encontraríamos un *crescendo* que parte de los tiempos antiguos y culmina en el dramático lamento de Larra –"escribir en Madrid es llorar"–, para ir disminuyendo luego poco a poco hasta el susurro de semiindiferencia que caracteriza nuestra época. ¿Quién tenía «razón», aquéllos que reclamaban una sensibilidad literaria general, o éstos que reconocen las letras como una élite más o menos aislada? En principio, todos y ninguno; porque si bien los primeros enuncian el ideal, son los contemporáneos quienes retratan fielmente la realidad. La cultura no ha sido nunca entre nosotros una cualidad colectiva, y probablemente no llegue a serlo jamás. Al grueso de la sociedad, en cualquier momento de la historia, no le interesa un comino el conocimiento, y mucho menos la literatura. Se prefieren las cuestiones prácticas con finalidad crematística o recreativa. Y la cosa degenera con bastante rapidez, porque al consuetudinario desdén humano por las letras ha venido a sumarse un catálogo de pasatiempos insólitamente amplio y variado. La lectura fue desde sus orígenes un privilegio exclusivo de quienes podían gozar del ocio; pero no todos ellos la escogían para entretenerse, así que sólo eran cultos unos pocos entre los pocos. Más tarde fue accesible para todos, aunque para entonces había surgido el espectáculo audiovisual, con su asombroso magnetismo, y los libros fueron siendo arrojados al desván del último recurso. En la civilización electrónica la lectura sigue siendo actividad elitista, quehacer marginal y reservado. A la gente le hace mucha falta leer, pero no lo hace. Y en las últimas décadas han aparecido cantidades ingentes de libros más perjudiciales que beneficiosos, porque inculturizan o desculturizan. Mucha literatura, para gustar a las masas, ha optado por audiovisualizarse. La elevación y la sensibilidad no son rentables, así que se prima –porque todo ha de ser negocio–, en los libros como en las pantallas, la grosería. En los colegios no se recomiendan ya lecturas destinadas a subir el nivel cultural del alumnado, sino adaptadas al gusto por lo soez que los productos electrónicos han desarrollado en los chavales. El sotabanco de la cultura está en liquidación, y la prueba es que las librerías de lance venden hoy los mejores libros. Muchas bibliotecas particulares nutren sus estantes con ediciones del siglo XX, porque la mejor literatura se refugia en la sección de saldos, aguardando que la rescaten los dedos experimentados del *gourmet*. Es como si las buenas letras, heridas por el desprecio, quisieran reservarse para quien sepa valorarlas. Esto, de no ser pura personificación, significaría un estado nuevo de la cultura; una situación inédita en que la buena prosa tendría iniciativa propia, y estaría eligiendo por sí misma sus lectores para evitar nuevos desaires.

Los artículos cobijados en este sotabanco retratan distintas formas de menospreciar la cultura y de apreciar la chabacanería. Formas contemporáneas, novedosas, originales; nuevos procedimientos de la mayoría inculta para presumir de su ignorancia; de la masa rebelada para reivindicar su vulgaridad. E imponerla. El reducto culto es ahora también estigmatizado por las mesnadas de lectores de *best-sellers*, y los pocos amantes de la buena lectura se agrupan en tertulias clandestinas y comunidades de *Facebook* para comentar sus experiencias a salvo de burlas.

Vivimos quizá el siglo más analfabeto de la historia, porque la ilustración es más actitud que posibilidad. Quiere decirse que a muchos iletrados, en el pasado, les hubiera gustado saber leer, mientras que muchos escolarizados, en el presente, renuncian a la lectura y emplean todo su tiempo en fotografiarse compulsivamente para mostrar al planeta, en tiempo real, cuántas insulseces caben dentro de una existencia vacía.

Estamos en el tiempo de la imagen pura, directa y polivalente. No hay lugar para la palabra sola, elocuente y nítida en su abstracción; tampoco para la contemplación de la música, ni para la escucha –sosegada, morosa– de la pintura. Se impone a marchas forzadas un audiovisualismo posesivo, absorbente, acaparador, que incapacita para la vida intelectual y, sobre todo, para la espiritual. Hay, en consecuencia, un terror pánico al silencio, a la soledad y al encuentro con uno mismo; un miedo que conduce al hombre al aturdimiento continuo, a la huida permanente.

El índice de lectura

Nos han dado, con el índice de lectura, el vergajazo de todos los años. Han vuelto a decir el porcentaje abochornante, la cifra ominosa de los que no han abierto un libro en todo el año. Esto, por descontado, sólo es mera fórmula, simples calificativos de circunstancias, una frase como cualquier otra para empezar el artículo, porque los ilegentes, en realidad, no se avergüenzan de su condición, y a los demás el asunto les importa un bledo. Quizá intuyen que media España leyendo con cierta regularidad es un dato excelente que basta para enorgullecernos a todos, un motivo de optimismo general, excepción hecha de los libreros. Ellos, cla-ro, aspiran al cien por cien, aunque no precisamente por idealismo cultural. El caso es que los motivos de preocupación con respecto a la lectura no están, de haberlos, en la cantidad, sino en la calidad. No importa que lean pocos –y aquí no son pocos porque llegan al sesenta por ciento–; importa que los que lean lo hagan sobre buena literatura. He aquí el dato que nunca nos dan, la prospección que nunca se hace. Al parecer, les interesa conocer cuántos lectores hay porque sirve para el negocio, pero no les interesa conocer qué leen porque no sirve para nada, con lo que podríamos tener un ochenta por ciento de individuos deglutiendo las empanadas de Ken Follett, Dan Brown o la Tellado, intoxicándose la mente con las hambres, los crepúsculos o las greyes y el gremio tocando platillos y castañuelas. Nos han dicho que un cuarenta por ciento del censo no ha leído un libro en todo el año, pero no nos han dicho qué libros ha leído el resto. Y puede que hubiera sido más enriquecedor, para nuestra cultura colectiva, que muchos de los que han leído algo hubieran empleado su tiempo en dar paseos al aire libre, cortar leña, esquilar al perro, escuchar música o aplicarse con fruición a las tareas domésticas.

Hay literaturas perjudiciales como hay alimentos nocivos; lecturas que inculturizan o desculturizan; sintaxis aberrantes e ideas perláticas que angostan las inteligencias y consumen los raciocinios. No nos digáis cuánto leemos, decidnos qué leemos y sabremos qué sociedad somos.

Los aislados

Accésit del XVIII *Premio Nacional de Periodismo «Francisco Valdés»*

Uno pensaba que los aislados eran los que viven solos, incomunicados, retirados, excluidos de la vida social por voluntad propia o ajena; los que no están en contacto con casi nadie. Pero uno estaba en babia porque, al parecer, las cosas evolucionan hoy tan deprisa que mientras uno contempla con arrobo su teléfono móvil recién estrenado el artilugio queda completamente obsoleto. La era digital se atropella en la doble vorágine comercial y consumista, y el vocabulario sigue la misma senda. Las palabras no significan lo mismo ahora que hace un rato; no designan lo mismo un instante y el siguiente. Las palabras no son otra cosa que significantes, y el paroxismo tecnológico acarrea, necesariamente, un paroxismo léxico. Hay transmutaciones radicales y asombrosas, como la del concepto de aislamiento. Resulta que los aislados ya no son los que viven al margen de la humanidad, sino los que no están conectados con todos los famliares, amigos y conocidos en todo momento; de modo que si no metes baza en la conversación electrónica de los amigos al tiempo que lees los mensajes de la falla mientras aceptas una invitación del colegio y atiendes al cliente que tienes aguardando en el mostrador eres un aislado, un insociable, un misántropo y un paria. La coalición de la telefonía y la informática juega muy bien sus bazas, y ha inventado la falacia de la «red social» –nueva y espuria definición de sociedad– para confundir a los ignorantes. Ahora la sociedad se verifica en *internet*; la gente ya no se relaciona personalmente, sino cibernéticamente, que resulta más fácil y rápido y proporciona el espejismo de una compañía continua y cercana. La gente ha empeñado su vida real y solamente le han dado por ella una vida falsa y una pantallita de colores; un bagaje muy corto que, sin embargo, parece satisfacer a las multitudes, que se ufanan con las enormes ristras de «amigos» que consiguen recolectar en la campiña virtual y se conforman con permanecer todo el día ocupadas en sostener conversaciones banales a través del diferido ensueño del *whatsapp*. Las muchedumbres teclean con furia sobre apariencias de teclado; discuten acaloradamente con cartelitos que corren arriba y abajo esquivos y guasones; adquieren compromisos que no cumplen, afirman cosas que no sienten, arropan sin arropar, consuelan sin consolar, hablan sin hablar y viven un sinvivir frenético de *píxels* proteicos y ojos escaldados. El día se les vuelve lectura rápida y digitación febril; acaban la jornada con las manos exhaustas y el cerebro ahogado en sintaxis aberrante y ortografía cochambrosa, pero felices y satisfechas, alborozadas por haber podido compartir tan completa y profusamente su adocenamiento, reconfortadas con el calor de tanta camaradería, exultantes de mediocridad. Están conectadas con todo el mundo en todo momento, y no como los pobres aislados, que sólo están con los demás cuando pueden verlos y tocarlos; que alternan la compañía con la soledad y privan a sus oídos del dulce arpegio evocador del rebaño.

Los clásicos a menos

Ésta será una época de pocos clásicos, una centuria decadente, un capítulo enteco de nuestra historia literaria. Son clásicos los libros que reflejan su momento y además lo trascienden; que sacan la sustancia humana de su entorno y la guardan como tesoro interpretativo para el futuro; que han destilado su tiempo y nos facilitan claves de grandísima eficacia para entender el nuestro. Cada nivel de curiosidad y de profundidad filosófica exuda una cantidad proporcional de clásicos; por eso, aunque habitamos un país donde lo común es la excepción, asistiremos a la mayor sequía del milenio. El siglo xxi ha comenzado pobre de independencia, exiguo de inquietud y raquítico de ideal, pero desbordante de gregarismo, de superficialidad y de indolencia. Los clásicos irán a menos en esta sociedad vulgarizada que trivializa y envilece la cultura, y que posterga insensatamente la formación humanística. No habrá clásicos o habrá pocos, y estos pocos que habrá serán menos clásicos que los clásicos auténticos. No se puede tener todo, y cuando las exigencias intelectuales de la mayoría quedan satisfechas, en la parte visible, con El hormiguero, Masterchef, la gala de los Goya o la liga futbolística, y con la sordidez vital del cotilleo, la violencia o la pornografía en la parte oculta, no esperemos al clásico. Aunque tampoco desesperemos: siempre quedan reductos de singularidad, y por tanto la esperanza de hallar un árbol escondido que rezume algo de líquido clásico, de nuevo y perdurable análisis humano. El número de clásicos mengua igual que mengua el número de monos amazónicos: por escuchimizamiento del hábitat y encochinamiento del oxígeno. El sumifigio venenoso que respiramos en las pantallas nos pierde la mirada, nos emporca el habla, nos obtura las orejas y nos atocina el pensamiento. Hay una multitud enorme de cerebros pilongos que saltan de alegría con el rancho audiovisual, que no conocen más anhelos que los de sus bajos instintos, y que nunca producirán y menos demandarán obras clásicas. De modo que las existentes irán siendo confinadas en el arrumbadero académico, sin esperanza de ser corregidas o aumentadas ni de ser leídas más que por estudiosos y escoliadores, eunucos de lo clásico, que guardan pero no engendran.

Postergados y postergandos

Compro por la cantidad simbólica de un euro *Sexta galería*, de Martín Vigil. Es un ejemplar editado en 1994 que parece de hoy, según está de nuevo. Probablemente lo han encontrado en alguna caja que fue precintada cuatro lustros ha; y seguramente ha salido, al abrirla, el aire antiguo, el mias-ma hirsuto de la tinta en el papel, intacto como la bocanada milenaria de las cámaras faraónicas. Luego han puesto un precio acorde a la sorprendente postergación del autor y allí ha quedado, como pacotilla literaria, como ganga entre gangas y lomo entre lomos. Tan fuera de lugar estaba que incluso he pensado en una treta sutil de la librería, en un ardid comercial para destacar el volumen a los ojos de los conocedores de Vigil. Pero no. El euro maldito, el euro único, el cochino euro de la etiqueta lo confirma como libro de saldo, como inexplicable baratija bibliográfica. Inexplicable porque las novelas de Vigil, aunque no suelen figurar en los manuales académicos, están entre las mejores de la literatura española. Y porque Vigil, que murió el 20 de febrero de 2011 sin alharacas informativas, es el escritor que más libros ha vendido en este país. Un caso notable de anomalía cultural que, sin embargo, se da entre nosotros con relativa frecuencia. Véase por ejemplo el caso de Mor de

Fuentes, que dejó este mundo en 1848 acogido a la compasión de un sastre cuando había escrito el *Bosquejillo*, autobiografía originalísima, y *La serafina*, excelente novela; o el del neoclásico Torres Villarroel, que con su *Barca de Aqueronte*, sus *Visiones y visitas* o su *Vida* superó al mismísimo Quevedo. Son escritores misteriosamente preteridos, extrañamente discriminados: excluidos. Martín Vigil también lo es. Y le seguirán otros. No se sabe la razón, pero quizá sea tan simple como haberse atrevido a nadar contra corriente. Aquí la izquierda se arroga la verdad intelectual y la masa rebelada se lo permite. Aquí el prejuicio sienta cátedra, con lo que resulta bastante fácil dibujar el perfil del «postergando». Juan Manuel de Prada, magnífico narrador y prodigioso articulista contemporáneo que no disimula su catolicidad, ya se habrá intuido fuera de la historia «oficial» de nuestras letras.

La casaca de Prince

Vuelve Prince. Llega con dos discos, uno en cada bolsillazo de la casaca siglo XVIII que viste asiduamente desde aquel *Purple rain* de los ochenta. Vuelven las viejas glorias a tapar con sus excedentes de talento las bochornosas calvas artísticas del siglo XXI. Regresan los veteranos del *pop* a cargar sobre su espalda las torpezas de sus hijos. Hacen falta retornos inverosímiles para demostrar a las nuevas generaciones que la música es algo más que focos, escenario, atuendo y alardes vocales. A estos viejos músicos les ocurre como a los abuelos de familia: no pueden soportar que sus herederos dejen lo sustancial por lo adyacente, lo principal por lo secundario; que descuiden su paternidad en aras de un alargamiento ficticio de la juventud. Los adultos de nuestro tiempo, como el *pop* contemporáneo, padecen infantilismo. La música y la familia pierden octanos; y los abuelos, que ven los peligros de semejante coyuntura –la muerte de la calidad y la desintegración social, respectivamente–, acuden al rescate, para el que hacen uso de los eficaces métodos tradicionales. Con el futuro no se juega, y la buena comida esperando en un hogar no falla, como tampoco falla la buena música envuelta en la estética resultona de los hipercreativos años ochenta. Ha vuelto Prince con su virtuosismo y su casaca; y ha vuelto la yaya con su puchero y su compañía. Vuelve algo porque no hay mucho; vuelve mucho porque hay poco; vuelve todo porque no hay nada. Tres grados a elegir según el nivel de pesimismo. Prince, clueca musical, reaparece para cobijar bajo las alas de su casacón al *pop* decadente y repetitivo, al *pop* desfallecido e incapaz de mediar con decoro el segundo decenio del nuevo siglo. Los abuelos acuden a salvar los muebles de sus vástagos musicales o biológicos; prolongan su época esperando que los responsables de la siguiente puedan encontrar la madurez y el talento perdidos.

Prince guarda en su casaca la esencia del *pop* auténtico, el resorte para fascinar masas, el secreto del éxito, y tiene que retrasar su jubilación –como David Bowie, como U2, como los Rolling Stones– porque no ve continuadores dignos de su legado. No es añoranza de lo pretérito, ni rechazo a la postrimería de su carrera: es puro sentido de la responsabilidad, esfuerzo adicional, favor que le hacen a la vaciedad y a la ineptitud que sufren sus epígonos.

Con su casaca ilustrada y sus intemporales pasos de baile, Prince, costalero artístico, arrima el hombro para sostener la dignidad musical; duplica su carrera como tantos ancianos duplican su paternidad: para llenar en lo posible un vacío injustificable que, sin embargo, se va cronificando.

Muy mal debe verlo el genio de Minneapolis cuando ha decidido volver con las faltriqueras de la casaca repletas de discos.

Minorías importantes

Se tiende a pensar: ¿quién conoce a Huxley, a Salinger, a Leroux, a Stoker, a Turgueniev, a Goncharov, a d'Azeglio, a Trapiello, a Marías, a Prévost, a Cela o a la Pardo Bazán? El mismísimo Balzac resulta desconocido para la gran mayoría de la sociedad. Como Tolstoi, Dostoievski o Goethe. Porque la ignorancia no hace distingos, por muy cumbres de la narrativa que sean. Y se continúa la secuencia lógica: ¿para qué, pues, tanto esfuerzo? ¿de qué les ha valido a estos hierofantes de la literatura estudiar tanto; romperse los cuernos buscando la eufonía sintáctica y el sinónimo adecuado; enervar su existencia para tejer, en el telar del idioma, tapices que reflejen su personalidad, sus inquietudes y sus conclusiones ante la vida? ¿Sirve de algo un trabajo intelectual cuyos frutos no llegan a casi nadie cuando están frescos, y que suelen acabar semiolvidados en librerías de lance o en garitos universitarios? La respuesta, normalmente, no es optimista, con independencia del panorama intelectual contemplado. Las elaboraciones literarias han tenido siempre un corto recorrido público, cosa que produce una espiral de inacción y desánimo en quien se siente inclinado a producirlas; hasta el punto de hacerle renunciar definitivamente a su aportación personal. Pero esto, en el fondo, se debe a un error de perspectiva. Se consideran los autores y sus libros a la luz de la mayoría, de las muchedumbres, de la masa; y ésta, como vimos en Ortega, no va nunca más allá de imponer su vulgaridad en una rebelión estéril y degradante. El auténtico principio activo de la civilización es la minoría sensible a la cultura, el reducido grupo de los que no conciben el progreso como una libertad falaz y demagógica, sino como la profundización en la consciencia de las obligaciones y las responsabilidades individuales a todos los niveles. Aquellos que han sabido rechazar la sensación de marginalidad y han seguido los impulsos de su vocación son los que hoy nos muestran el colorido sublime de las emociones humanas, un completo muestrario que puede hacernos más empáticos, delicados y receptivos; ensancharnos y elevarnos la percepción; hacernos mejores. Desdeñar las letras, por su impopularidad o por mero gregarismo, es avillanarse.

Los tiempos muertos

Algo se ha perdido con el cambio en el trono de los tiempos muertos. Desde que los teléfonos móviles han agarrado el cetro de las antesalas, los medios de transporte, las hamacas y los insomnios nuestro índice cultural se ha desplomado. Porque siempre se obtiene algo de abrir un libro, aunque sea por un instante. La lectura deja un poso, leve o denso, fugaz o duradero, intrascendente o decisivo, esencial o epidérmico. Pero el vistazo compulsivo al multimedia de bolsillo, el pasatiempo electrónico, el asentimiento irreflexivo a la vorágine de la virtualidad, al aniquilamiento lúdico y al desconcierto cerebral que se agazapan bajo los pequeños pantallones ha reducido a marchas forzadas el bagaje intelectual y expresivo del gentío. Y la nueva telefonía no hace distingos: ricos y pobres, ignorantes y cultos, educados y groseros, ejecutorias y baldones, todos le hacen papel; a todos les ofrece la falsa nivelación de la homogeneidad.

Al convertir los teléfonos móviles en recreativos, los poderes económicos han diseñado un Aqueronte para esta vida, un barquero fantasma que transporta multitudes desde cualquier nivel espiritual hasta el terrible puerto del marasmo y el ofuscamiento, de la necedad y la falta de criterio. Matar el tiempo con el móvil nos va matando la personalidad; nos hace adoptar estereotipos conceptuales, indumentarios e incluso prosódicos. Que levante la mano el que no haya percibido a su alrededor la entonación de moda, el idiotismo integrador o el adorno del momento; las cosas que abren la portezuela del aprisco alucinado, que facilitan el refugio entre la masa, la disolución particular en la enajenación general.

Ya no decidimos con qué libro nos entretenemos: ahora metemos automáticamente la mano en la faltriquera y sacamos el teléfono; compramos el billete para el golfo de los tontos; llamamos al mozo –el Aquerontillo de nuestra época diminuta– para que nos pase una vez más a la ribera delirante de la seducción materialista, de la pesadilla consumista y de la mentira unidimensional. ¡Qué tétrico el silencio de una sala en que la espera se distrae con el móvil! ¡Qué triste la sonrisa congelada en la cara de quienes lo contemplan! ¡Cuánta lobreguez en la sutil fosforescencia que irradia! Una de las escenas más pavorosas que yo he presenciado fue la estampa nocturna de un joven, dentro de un coche, atrapado por la irrealidad azul de una pantalla mientras pasaba el tiempo muerto de un semáforo en rojo.

Más allá de la rebelión

Entre la turbamulta de contenidos con que las televisiones nos amenizan los ocios que nos inventan, saltó el otro día la inesperada liebre de un coloquio sobre urbanidad y buenas maneras que, si no tenía el pellejo tan libre de sarna como debiera ni el corpezuelo tan relleno como fuera su deseo, al menos era liebre, y no el gato que por ella suelen darnos. Una liebre que alteraba el monótono páramo de la corrección política y que, asumiendo el riesgo de la extemporaneidad, abordaba el hecho evidentísimo del achabacanamiento colectivo. La sociedad se vulgariza; pierde la elegancia y el buen gusto, los modales y el saber estar. Pierde también la sensibilidad para estas cosas, con lo que supera en un grado la rebelión de las masas. El hombre-masa de Ortega se sabía zafio, pero el hombre-masa de hoy ni siquiera es capaz de discernirse como tal. La rebelión del hombre-masa orteguiano consistía en imponer su vulgaridad: la reivindicaba frente a ciertas formalidades o prescripciones de una sofisticación establecida. El hombre-masa contemporáneo, sucesor de aquél, ya no puede reivindicar su ordinariez porque no sabe contra qué hacerlo. Ya no es vulgar por oposición, como el de Ortega, sino por pura limitación. Ha llegado a la suma ignorancia en materia de urbanidad, al cero absoluto del buen gusto, a la masa crítica para el trogloditismo. El hombre-masa del siglo XXI, a diferencia del de mediados del siglo XX, no puede optar entre las buenas o las malas maneras; no puede preferir subversivamente las unas a las otras: únicamente conoce las malas, y las ejerce instintivamente, inocentemente, sin el concurso de la voluntad. Ha terminado la rebelión de las masas, el tiempo de los hombres-masa enterados de su condición que renuncian a mejorar porque rechazan una escala de valores que les relega socialmente. Ahora vivimos la era del *homo vulgaris*, una supremacía natural e inconsciente del palurdo, del mostrenco y del zambombo como productos evolutivos de la irreflexión y el desinterés absoluto por el desarrollo personal.

Pacotilleros de la información

Cuando uno ve que a Ciudadanos le resulta indiferente pactar con la derecha o con la izquierda y que, por tanto, es una formación política de naturaleza oportunista; y cuando ve uno, al mismo tiempo, que la cofradía informativa se aproxima, crédula y anuente, al abrevadero del embuste diario y hace gárgaras con las lavazas del engaño, le invade a uno la duda y sólo puede preguntarse cómo no se ha dado cuenta nadie. Uno se niega en redondo a suponer grado alguno de necedad en periodistas y debatófilos, así que no hay otra opción que la ceguera voluntaria y la parsimonia intencionada, una suerte de racionamiento en la noticia, de cachaza en la deducción y de morosidad en la inferencia que habla más de carroñeros que de intérpretes. No muestran enseguida el corolario. Sería como desvelar el final estropeando la intriga. El populacho estaría de pronto al cabo de la calle y se habría derrochado lo verdaderamente sabroso: el aroma de la información, el desarrollo de los acontecimientos. De manera que se prefiere desenredar poco a poco la madeja, masticar a conciencia la carnaza diaria, anteponer el tasajo corambroso del infundio político al tierno filete de la revelación. Hay mucho cronista parlamentario degenerado en escarabajo pelotero; mucho coleóptero del Congreso dedicado a emburujar escamas de piel muerta, esquirlas de uña, raeduras de juanete, pelambre desprendida y otras piltrafas que dejan caer los diputados; mucho muñidor de sofismas y embutidor de chafardeos; mucha tertulia radiofónica o televisiva convertida en abacería de queso podrido y fiambre incomible. Individuos que sumen al público en tinieblas cuando habrían de suministrarle glosas útiles y exégesis alumbradoras. Uno se queda perplejo al ver que se prefiere confundir al auditorio, henchir con pacotilla el espacio audiovisual o la página de periódico a impulsar la formación del criterio popular. Cunde la discusión de la cominería, el debate de la minucia, la interposición de la nonada entre lo que pasa y lo que significa que haya pasado. Se saben los porqués, pero no se dicen al momento. Se deja pasar el tiempo y se va colocando, mientras, el sucedáneo informativo y la estopa intelectual. El negocio es el negocio.

Remanente de analfabetismo

Hay un remanente de analfabetismo que no se va; una mancha de incultura que no sale; un vicio nacional que cambia de forma para no irse. Hubo un analfabetismo endémico, generalizado, en los tiempos antiguos. Un analfabetismo que no era nuestro en exclusiva porque lo compartíamos con el resto del continente, pero que se hizo castizo cuando el resto del continente lo rechazó de plano y aquí lo rechazamos a medias. Llegó la instrucción a España, pero no para todos; y el analfabetismo colectivo se convirtió en remanente de analfabetismo. Un remanente forzoso y pertinaz que suponía un baldón ante los demás y ante nosotros mismos. Un remanente que pronto modificó su naturaleza: porque la instrucción se hizo global y gratuita y desaparecieron las excusas para el analfabetismo, pero el remanente persistió. España conserva con tanto celo su remanente de analfabetismo que quitárselo sería como arrancarle de cuajo un jirón del alma. Basta con zambullirse un momento en las redes digitales para comprobar la tozudez con que algunas porciones de la sociedad se aferran a él. Porciones de la sociedad formadas por individuos escolarizadísimos que no pasan de los cuarenta ni bajan de los veinte, y cuya cochambre ortográfica no tiene relación alguna con la prisa pulsatoria ni con la informalidad verbal. Es una cochambre voluntaria; una incultura cultivada; un analfabetismo querido. Un elemento de cohesión. El grupo se siente unido en la vileza ortográfica, en la degeneración sintáctica, en el solecismo puro. Hay un remanente de analfabetismo tan remanente y tan analfabeto como los remanentes que hubo en otras épocas, aunque su naturaleza es distinta. El remanente de ahora no es producto de la mala política o la deficiente administración, sino de la opción consciente de muchos ciudadanos anónimos. Por eso no sirven de nada los programas «educativos». ¿Qué son las normas ante la determinación de un español? Tendremos remanente de analfabetismo hasta que los ofidios críen pelo.

Recuperar el habla

La tecnología nos deja sin habla. En las conferencias, las presentaciones de libros, los congresos médicos, las convenciones comerciales, las disertaciones universitarias y cualesquiera eventos que precisen oratoria la imagen ha desplazado a la capacidad verbal; el *powerpoint* a la elocuencia; el ordenador a la versatilidad retórica. No es posible averiguar si disminuyó primero el dinamismo de los ponentes o la paciencia de los oyentes, pero el caso es que unos y otros beben los vientos por la pantallaza y el proyector. Ya no transmite nadie un mensaje a palabra limpia, con el vaso de agua, la hoja de papel y el aire por toda sustentación. Tampoco está dispuesto nadie a recibirlo así. Ahora lo gráfico es el vehículo y casi el objeto último de la comunicación, con lo que preparar un discurso, por ejemplo –y paradójicamente–, conlleva hoy mucho más trabajo que antes, porque después de prepararlo conviene traducirlo a unas breves fichas con letras de colores y fotografías alusivas, que serán todo lo que la concurrencia podrá llevarse a la boca. Ni metáforas, ni silogismos, ni abstracciones: conceptos puros y duros, frases de lapidarismo adocenado y vulgaridad rampante. Si Cicerón el tartamudo levantara la cabeza, con los guijarros que mascó y los discursos que cinceló; con las horas que dedicó a la eufonía sintáctica y a la eficacia declamatoria; con lo que se retorció el cerebro y lo que practicó la mímica; y resulta que bastaba con exhibir impúdicamente la mera estructura, el simple croquis, el esquema puro de la cuestión. El habla se hunde y arrastra con ella la escucha. El excelso tribuno ha devenido en operador de cinematógrafo, con un botón en la mano y unas diapositivas que le sacan las castañas del fuego. La calidad, claro, se resiente. Cualquier tarugo puede ocultar lo suyo con un *powerpoint* y ahorrar con ello al público una escena dramática, pero el *powerpoint* por sistema nos priva del talento y el brillo de los picos de oro que pudiesen quedar; nos deja sin el habla rutilante y la imagen intelectual, sin la fruición auditiva, sin el milagro de la comprensión. Debemos reivindicar las conferencias a pelo, las explicaciones al aire, las complicidades del entendimiento, las evocaciones, los cabrilleos y las maravillas de la palabra sola. Con el habla genuina recobraremos regiones de humanidad perdidas, redescubriremos vetas de percepción que parecían agotadas y reabriremos galerías de nuestro cerebro que se habían derrumbado.

Prospectiva en crisis

Los políticos, los analistas y, sobre todo, las empresas demoscópicas pierden la chaveta buscando una explicación aceptable para el fallo garrafal de las últimas encuestas electorales. Dan vueltas al asunto en las norias de los debates televisivos y en los carruseles de los artículos periodísticos; entrechocan los cuernos en un combate ritual e incruento que no conduce a ningún sitio; fingen hipótesis y amagan conjeturas. Y todo porque no pretenden llegar, en realidad, a ninguna solución; porque sus controversias y sus elucubraciones no buscan más que marear la perdiz, enredar la madeja y desviar el foco de atención; disimular, en suma, el hecho consumado, la evidencia incuestionable que supondría el fin del negocio para unos y de la comidilla plebiscitaria para otros: que la gente ha empezado a mentir; que al ser preguntado, a pie de calle o a pie de urna, el votante suelta un embuste a quemarropa y se goza por anticipado en el chasco de la encuesta. Como vivimos el tiempo de la diversión por la diversión, del ocio que los tratadistas del siglo XVII llamaron «escandaloso», del cachondeo recio y del cinismo huracanado, todo se hace mitad por alguna razón y mitad sin saber demasiado bien por qué: votar o viajar, estudiar o trabajar, comprar o comer, seguir las modas o contestar las encuestas. En los motivos de las acciones hay, infiltrada, una porción de absurdo y extravagancia, de avoleísmo decadente y de a ver qué pasa por puro morbo, un despropósito existencial que tiende a la humorada y al gamberrismo. Buena parte de las respuestas populares a los encuestadores ha sido pura gamberrada, mendacidad gratuita, burla machacante y pitorreo en fir-me: desprecio absoluto; y eso resulta inasumible para el sector de la prospectiva. Toca, pues, disimular; toca explicar el caso con trigonometría de garrafón; toca vociferar y poner los pies de la verdad en la polvorosa de la indefinición; toca huir hacia delante, saturar la polémica y aturdir al público para después callar en seco y dejar el tema en un marasmo confortablemente inocuo. Lo que haga falta para esconder que la prospectiva, en esta sociedad apoplética, ya no funciona.

Regreso al medievo

Dicen los agoreros que no hay pensamiento; que ha muerto la intelectualidad; que ya no se reflexiona. Pero no es cierto. Hay pensamiento; hay reflexión; hay elaboraciones filosóficas de primer orden; y hay más canales que nunca para que lleguen a la gente. Lo que no hay es interés. Jamás lo hubo, en realidad, fuera de los pequeños colectivos de iniciados, y por eso los imponentes tratados humanísticos, los grandes hitos del pensamiento, encerrados en los libros, permanecieron siempre ignorados por la sociedad. El último siglo, sin embargo, se ha caracterizado por la eclosión de pequeños canales divulgativos, arroyuelos a cuyo través las conquistas especulativas han bajado de sus complicadas cumbres a los valles asequibles. Los artículos de opinión y las múltiples variantes que permite la electrónica llevan décadas ofreciendo a la ciudadanía el gran pensamiento en píldoras muy ligeras. El éxito, sin embargo, ha sido escaso: el pensamiento no interesa ni en sesudos tratados ni en breves columnas. Las masas han tenido mucho tiempo a su alcance las claves para entender ideas insignes, pero las han despreciado. Se conforman, al parecer, con el prosaísmo cotidiano; están servidas con allegar dinero, viajar, llenar el bandullo y vestirse a la moda. La época de la razón asequible, sin embargo, está llegando a su fin. Los canales y los arroyuelos desaparecen, y la filosofía quedará otra vez confinada en sus cimas. El culto a la imagen y el horror a la lectura son los artífices de semejante regresión. Dentro de poco los artículos, los blogs, las ediciones electrónicas de los periódicos, los *facebooks* o los *twitters* ya no serán vehículos de pensamiento. Advendrá una época oscura, otra Edad Media en que las élites culturales conservarán de nuevo el conocimiento al margen de las multitudes. La instrucción pública evolucionará igual que la economía: las dos verán desaparecer las clases medias. Esto significará el enésimo desaprovechamiento de una oportunidad histórica de la razón para generalizarse; un retorno al instinto, al raquitismo espiritual, a la docilidad forzosa. Y como es costumbre inveterada, seguro que más de una esfera de poder se frotará las manos: nada menos que un mar de iletrados, una masa ingente de individuos crédulos e insensibles, a su merced y sin coste alguno. Con lo que costaba obtenerlos hace doscientos o trescientos años.

Smart

Advierto, por indicación de mi sagaz biógrafo –nunca salgo sin él– que todos los días hay algún embalaje de smart tv entre los contenedores que jalonan la senda que une mi casa natal y mi casa conyugal. Esto son miles de televisores «inteligentes» penetrando en las viviendas para sitiar mentes incautas. Esto es un reforzamiento inaudito del tótem que ocupa el trono en los hogares imprudentes; la multiplicación de su poder depravante, de su fuerza tergiversadora y de su vigor abductivo. El demonio juega con los naipes marcados de la curiosidad insana, la falta de criterio y la torpeza que tantos éxitos le han dado siempre; baraja equívocos, ambigüedades e indeterminaciones, y luego los va repartiendo con la unción canalla del tramposo redomado. Una tele nueva en la que puedes elegir lo que ves; en la que ya no eres un espectador pasivo, condenado a cambiar de canal; una tele que pone lo que tú quieras cuando tú quieras; una tele sumisa; una tele conectable, compatible y obediente; una tele *smart*. Como el *phone*. Qué bien. Sólo que la sumisión de la *smart* es algo femenina y, por tanto, retorcida: uno piensa que lleva la iniciativa cuando en realidad ocurre todo lo contrario. Uno piensa que decide, pero lo que decide ya estaba previsto. La *smart* es un tahúr habilísimo, un fullero magistral que da combinaciones necesariamente perdidosas. En la *smart* escogemos lo que vemos entre un catálogo que nos han escogido previamente. Somos más víctimas que nunca; más pardillos que nunca; más tontos que nunca. En la *smart* culmina el demoníaco proceso de anulación intelectual a que nos ha sometido la televisión. Somos ilotas perfectos porque pensamos que no lo somos. Nos han convertido en masa rebelada, en ignorantes pretenciosos, en emperadores desnudos que ostentan galas imaginarias; por eso hay toreros y sacristanes regoldando teología sin avergonzarse; por eso la moda y la corrección política son los nuevos criterios de verdad. La smart no tiene inteligencia propia y toma la nuestra como el tahúr toma los billetes de los primaveras. Con la misma expresión de triunfo. Con la misma cara de avidez y satisfacción. En la mirada torva de sus múltiples canales, en la refracción punzante de sus manojos de *píxels* hay un cabrilleo taimado, una determinación astuta y malévola de prestidigitador encubierto que será nuestra ruina si no nos levantamos de la mesa enseguida.

Bibliotecas

Aunque parezca mentira, hubo un tiempo en que las bibliotecas eran lugares donde únicamente se ofrecían libros, y quienes las visitaban sólo podían elegir entre leerlos allí o llevárselos a casa en préstamo. No había más posibilidades porque la modernidad, el progreso, la informática no se había decidido a entrar en estos almacenes de sabiduría. Pero al final entró, y entonces las cosas cambiaron radicalmente. Desaparecieron aquellos ficheros antediluvianos que servían a los bibliófilos para disfrutar localizando libros, y aparecieron espacios nuevos para dar variedad al páramo de papel y quietud que habían sido hasta ese momento las bibliotecas. Todos los centros de lectura contemporáneos reservan buena parte de su espacio a los ordenadores, y eso les ha proporcionado tanto dinamismo que acuden diariamente personas que antes, con la opción única de libros y más libros, no habían pisado jamás una biblioteca. El silencio, que durante siglos ha sido proverbial en estos establecimientos, ha perdido calidad a causa del tecleo furioso y la cháchara incesante que los inunda, pero todo lo compensa la cantidad enorme de nuevos prosélitos de la cultura.

Las nuevas bibliotecas cuentan, además, con salas amplias y climatizadas, completamente asépticas e impersonales, para que los estudiantes puedan abandonar sus hogares, desestructurados o no, y preparar exámenes con el debido sosiego. Y por si esto fuera poco, la nueva ciencia biblioteconómica establece que no puede haber ningún local desprovisto de salones multidisciplinares que tan pronto albergan una conferencia como un cinefórum o un debate político. La lectura desaparece poco a poco y las bibliotecas, para no extinguirse, inventan alternativas. Las bibliotecas dejan de ser meros almacenes de libros para ser ciudadelas de una cultura muchas veces descafeinada, foros de un conocimiento cada vez más frivolizado, encrucijadas polivalentes, recintos donde la diversión, el visualismo y el *wifi* envuelven con tal intensidad al usuario que la lectura se va refugiando en los rincones, en los ángulos muertos y en los altillos. Llegará el día en que las bibliotecas ampliarán tanto su oferta que podrán prescindir de los libros.

Cementerios electrónicos

Dejaremos aparte la incoherencia en que ha caído y el ridículo que ha hecho la directora del Área Internacional de faes, usuaria de *Twitter*, al calificar de modo categórico esta red social como "vertedero" y "tumba de la inteligencia", y sólo nos centraremos en la enjundia que, a pesar de la torpeza expresiva, tiene la pura letra. Porque *Twitter* no es, por definición, una tumba para la inteligencia. Y si lo puede ser, no lo será nunca más ni lo será menos que un programa de televisión o un artículo periodístico, por ejemplo. Quiere decirse que no entierra uno la inteligencia por el hecho de anotar algo en *Twitter*, sino por aquello en que consiste lo anotado; que no está el mal en el sitio donde se dice algo, sino en lo dicho. En *Twitter* las inteligencias, más que morir, lo que hacen es retratarse. Y un tuit, como cualquier otro escrito, permanece a la vista para honra o ludibrio de su autor. *Twitter*, como *Facebook*, los blogs posmodernos y los epistolarios decimonónicos, es un escaparate donde pueden verse inteligencias de toda clase: muertas, florecientes, anárquicas, gangosas, caóticas, nebulosas, esclarecidas, decadentes y maquiavélicas. Otra cosa es la estadística, el proceso de los datos, la indagación de coincidencias y preponderancias. En el terreno de las minorías y las mayorías, de lo que más escasea y lo que más abunda es donde la máxima de Cayetana Álvarez Toledo puede redimirse. *Twitter* no mata las inteligencias, pero la realidad es que hay muchísimas utilizando esta red social como cementerio. Aunque no tiene la exclusiva: internet está repleta de diversos podrideros donde millares de mentes agonizantes arrojan el último resuello; donde cabezas catastróficamente amuebladas profieren las cínicas *boutades* de la incapacidad o el desasosiego. También está llena de olimpos desde donde mentes luminosas y esforzadas inspiran y enriquecen a la humanidad; pero son poquísimos. La ventaja, la mayoría, el tono general es para el hombre-masa, para los podrideros y las tumbas. Así que puede afirmarse, imitando a *Fígaro en el cementerio*, que la fosa está dentro de internet; que *internet* es, en su mayor parte, y por desgracia, un vasto camposanto donde muchas inteligencias graban sus epitafios, un vertedero en que se hacinan entendimientos que pudieron segregar ideas excelsas pero se apoltronaron en los delirios y las animaladas, una inmensa colmena electrónica rebosante de nichos de posibilidades.

Cautela cibernética

La incondicionalidad, en las cosas de tejas abajo, lleva consigo el peligro de la imprudencia, y en ámbitos tan vidriosos como el de *internet*, la red mundial donde todo cabe y donde a todo se tiene acceso, conviene ser especialmente cauto. No lo ha sido Luis Goytisolo y ha eructado recientemente, con aire categórico y despiste mayúsculo, esta delirante inexactitud: "*internet* equivale al tránsito de la Edad Media a la Moderna en poco más de dos décadas". Inexactitud, primero, temporal, porque internet no ha vuelto del revés la sociedad en dos décadas ni en una, sino que le ha bastado un lustro. Durante los últimos cinco años, la utilidad práctica de internet se ha vuelto puramente residual, informática periférica para uso de profesionales y demás gente seria, colectivo que las multitudes gregarias van confinando en los arrabales de la vida; y sin embargo ha experimentado un crecimiento colosal, desorbitante y vertiginoso la utilización morbosa, degenerante y completamente inútil de la red. No deja lugar a dudas el dato, aportado por acreditados análisis, de que más del ochenta por ciento de las búsquedas en internet se lo llevan el *voyeurismo* enfermizo y la cháchara intrascendente de la red social. Un dato descorazonador que nos conduce directamente a la cara conceptual de la inexactitud goytisoliana: internet no ha supuesto algo equivalente al paso de la Edad Media a la Moderna sino en minúsculas parcelas. En la mayor parte de su vasta extensión, *internet* ha supuesto más bien un retorno al primitivismo del instinto, al troglodistismo de la irreflexión, de la indiferencia moral y del marasmo intelectual. Internet se usa hoy, casi exclusivamente –y conjuro por anticipado las calificaciones de pesimismo subrayando con énfasis el *casi*–, para satisfacer curiosidades insanas o, cuando menos, absolutamente banales. *Internet* sólo es herramienta para unos pocos, y el número va en descenso. La red, cada vez más visual y más apoyada por la creciente caterva de artilugios que se arriman a su órbita, produce adocenamiento social, y la sociedad adocenada es la presa favorita de la red. Una pescadilla que se muerde la cola; un bucle destructivo del que resulta cada vez más difícil salir.

Concursos encubiertos

Es imposible que se dirima, en los concursos televisivos, lo que se dice que se dirime y se finge dirimir. Hay ciertos indicios, ciertos detalles, ciertos cabos mal atados que provocan al espectador la sospecha de que hay gato encerrado. No cabe duda, por lo que ahora se dirá, de que asistimos a una evolución del concurso televisivo tradicional, de que somos testigos de una metamorfosis. El concurso televisivo ya no consiste, como ha consistido hasta el momento, en lo que se ve, sino en lo que no se ve. Quiere decirse que los concursos han cambiado lo explícito por lo encubierto; que se desarrollan en un segundo plano; que parecen concursos de una cosa pero lo son de otra. *Master chef*, por ejemplo. ¿Piensan ustedes que se trata de un concurso de cocina? Es lo que piensa todo el mundo. Al fin y al cabo, cocinar es lo que hacen sus concursantes –que cocinan es lo que se ve–. Pero basta con prestar un poco más de atención para descubrir la farsa; con aguzar algo la vista para penetrar las apariencias y atisbar lo encubierto. Porque no hay prestidigitación perfecta, y en la de *Master chef* hay descuidos de lo más perceptibles. Incluso dejando aparte la evidencia de que los organizadores no tienen la más remota idea de cocina –dan a los concursantes un tiempo limitado para elaborar sus platos, cuando todo el mundo sabe que la primera norma del buen cocinero es olvidarse del tiempo–, hay pistas de sobra que nos revelan el verdadero concurso escondido tras el decorado gastronómico. Si observan ustedes cómo tratan a los concursantes, cómo les desprecian el plato y el método, y las formas utilizadas en este desprecio, empezarán ustedes a desconfiar; y si se fijan en el estoicismo de los concursantes, en sus titánicos esfuerzos para mostrarse contritos, en su actitud sumisa, en su absoluta humillación, verán ustedes claro: *Master chef* es un concurso encubierto de paciencia. La cocina, en él, es puro pretexto; un quehacer como cualquier otro para que los concursantes puedan exhibir su cuajo prodigioso.

Sí; lo nuevo, lo último en materia televisiva son los concursos encubiertos; competir en una cosa pero, en realidad, estar compitiendo en otra. Un reto nuevo para estimular la mente del espectador, para someterlo a una tensión que lo saque de su modorra. Medítenlo ustedes: nadie aguanta que le hablen como a los concursantes de *Master chef*, y menos por una fruslería tan baladí como ser declarado maestro cocinero, a no ser que la verdadera contienda consista en soportar vejaciones. Dentro de poco habrá concursos para descubrir qué concursos ocultan los concursos.

Al baño sin el GPS

Grupos musicales –buenos o mediocres– de los años ochenta, setenta e incluso cincuenta; histriones –principales o secundarios– de los cuarenta y anteriores; personajes ricos por ser famosos, personajes famosos por ser acaudalados y hasta desconocidos con delirios de grandeza se han avecindado en la intemporal existencia paralela que facilita *internet*. La red ofrece a todo quisque la congelación en vida; un servicio gratuito para conservar inalterables los momentos que cada cual considere oportunos; el sueño de la eterna juventud hecho realidad fraudulenta con que se avienen, por materialismo e impaciencia, muchedumbres inmensas de infelices. La depauperación del espíritu y del intelecto las ha llevado a conformarse con la triste condición terrena y con el deplorable sucedáneo de la inmortalidad cibernética. Se quiere todo y se quiere ahora mismo, aunque sea de menos calidad; así que se acepta el timo con tal que ahorre la espera. La gente puede verse inmarcesible, perenne, alojada en un limbo digital, fijada en cuatricromía electrónica, convertida en simple apariencia revisitable. La gente quiere verse así para tener la sensación de seguir siendo así. Es el viejo impulso de hacerse una foto, renovado con el aliciente de saber que la foto estará en un escaparate planetario e inaccesible a la decrepitud. Las viejas estrellas y los añosos cometas anónimos alucinan su frescura en *Youtube*; se hurtan al tiempo surcándolo en la balsa virtual del cero y el uno; se autoembaucan la razón mientras huyen despavoridos de los espejos. Ya se prefiere la *second life*, la otra vida de aquí, ese otro mundo en este que proporcionan los ordenadores y la maraña intrincadísima, ondulante y corpuscular, intangible pero cierta en que hunden sus conexiones. El personal vive sin vivir en sí porque anda embebido entre *Twitter* y *Facebook*, engolfado entre *Instagram* y *Linkedin*, aturdido por sobredosis de *Whatsapp*.

Internet es una herramienta muy útil que, como el vino, beneficia con la moderación y destruye con el exceso. La borrachera de red social abre deslizaderos que conducen a una dimensión falsa y tenebrosa de la realidad, a un espejismo de lozanía permanente que sólo produce cautiverios y frustraciones. Aunque parezca una perogrullada, conviene recordar esto periódicamente si no queremos acabar utilizando el GPS para ir al baño.

Cultura

El razonamiento relativista, como la carcoma, prolifera más y mejor en los materiales débiles y desabrigados. El silogismo y la pirueta, el entimema y la prestidigitación, el sofisma y el trile invaden los intelectos zafios con tanta mayor facilidad cuanto menos capaces de ilación ecuánime y pensamiento riguroso los encuentran. Quiere decirse que las mentes chatas no ven más allá de su conveniencia y necesitan el relativismo para defenderla contra el ridículo en que la ponen algunas verdades. Valga, como ejemplo fresco, el último aquelarre protaurino, que reunió hace unos días a la flor y nata del toreo y sus cronistas para destruir de una vez por todas la secular contradicción entre los conceptos de tauromaquia y cultura. El entusiasmo inicial que se apoderó de los primeros espadas y los aficionados al verse juntos por la calle se convirtió en euforia desatada, en frenesí absoluto cuando una representación de la «fiesta» se arran-có por elocuencias y proclamó a voz en grito, desde un balconcillo de la plaza de toros, el enunciado perfecto, la proposición infalible, la premisa prodigiosa, el chilindrón filosófico: que la cultura no es lo que unos u otros digan, sino lo que diga el pueblo –siendo pueblo, claro está, el colectivo taurófilo–. Allí fue la ovación cerrada y el griterío atronador, el asombro y el arrebato: se había rizado el rizo del relativismo; se había opuesto, al aserto relativista de que la cultura es tal o cual cosa concreta, el contrarrelativo argumento de que ya decidirá el «pueblo» –cierta parte del pueblo–, según el instante y la preferencia, qué sea o no sea la cultura, qué pertenece a ella y qué no. El mundo del toro –la parafernalia y la fantasía, la ceremonia y la extravagancia, el aparato y el protocolo urdidos durante siglos alrededor de la salvajada y el trogloditismo de las corridas de toros– ha reivindicado su autoridad intelectual, su clarividencia insuperable y su condición de pueblo en exclusiva. No hay, a partir de semejante hito humanístico, duda que valga: soltar un toro entre alaridos, jalear a unos individuos vestidos de mamarrachos para que lo maten poco a poco hincándole variados artilugios, y arrastrarlo en medio de la histeria colectiva es un acto repleto de cultura. Sólo espero que tamaña sutileza especulativa no abrume a nuestros vecinos europeos.

El extraterrestre

Parece ser que uno, hasta no hace mucho, podía estar seguro del tiempo en que vivía y de la generación a la que pertenecía. Uno había nacido en un ambiente concreto cuyas características perduraban lo suficiente como para que tan pronto adquiría uno conciencia de su existir, se asimilaba de alguna manera su entorno y tomaba una posición desde la cual iniciar, a nivel individual pero también dentro de un colectivo, su evolución. Con un punto de partida sólido y definido se abordan mejor los cambios, las adaptaciones, las novedades y, sobre todo, las decisiones que la existencia comporta. Uno sabe de dónde viene, que ya es mucho saber, y busca criterio y sabiduría para influir lo que pueda en el adónde va. Lo malo es que le haya cambiado a uno el mundo tres o cuatro veces mientras tomaba las primeras papillas; que se vea rodeado, cuando empiece a mirar inteligentemente su alrededor, de una vorágine proteica; de un caos falto de referencias estables. La vida, en semejante supuesto, es una perpetua eventualidad, una incertidumbre constante con ribetes de sordidez; sordidez que no se contenta con aherrojar a los nacidos bajo su predominio, sino que atrae hacia sí con la fuerza de la electrónica y sus necesidades inducidas a los que nacieron en tiempos de psicología más estable. Porque va uno en el tren y no le resulta extraño, aunque sí triste, ver jóvenes mentalmente impedidos, lisiados en su capacidad para dejar de observar una pantalla; en ellos es natural, porque ya nacieron en un entorno repleto de autorreporterismo. Macerados en parainformación, infrainformación y subinformación han llegado a ser criaturas dispersas entre imágenes banales y mensajes intrascendentes. Lo increíble, lo desconcertante, lo inverosímil es contemplar cómo personas de cierta edad se han dejado practicar la misma lobotomía; cómo individuos adultos, que pertenecen a una época de concreciones y serenidades, pierden el resuello abriendo y cerrando «grupos», leyendo estupideces y correspondiéndolas de inmediato; cómo se han dejado sumergir en el trabajo febril y obsesivo de mantener conversaciones múltiples y simultáneas, de hipotecar el tiempo enviando y recibiendo trivialidades, imaginándose centro del mundo e ignorando por completo la vida que les rodea. Uno, en medio de todo esto, con un teléfono viejo en el bolsillo y un libro en la mano, se siente como un extraterrestre, y piensa que de tanto mirar se lo están perdiendo todo.

El robot

El robot de Microsoft; el prodigio de la inteligencia electrónica; el sorprendente pensamiento cibernético; el cerebro artificial, capaz de aprender solo y de relacionarse; la virguería tecnológica, potente, rápida, capaz, asombrosa pero inocente como un pichón. El robot de Microsoft ha fracasado nada más entrar en contacto con el ser humano. Parece ser que al maquinorro, pletórico de circuitos y conexiones, le fallaba estrepitosamente la sindéresis, y no sabía distinguir entre pelajes e intenciones cuando interactuaba con extraños; que se trataba, en pocas palabras, de un metálico chaval d'Aveyron, inteligente pero absolutamente cándido, que asimilaba igualmente las bondades y las maldades; con lo cual, tras haber alternado varios meses con una muestra representativa de la sociedad, estaba poco menos que pervertido. Microsoft, nuevo Frankenstein, ha querido imitar al hombre, pero le ha salido un monstruo: un robot que, si hubiera podido zafarse de la desconexión, se habría convertido pronto en un jayán de la peor catadura; en una especie de maleante listísimo cuyas posibles tropelías han quedado, afortunadamente, en el abismo de lo ignoto. Se ha cumplido en la robótica esa máxima rousseauniana según la cual toda mente nace bondadosa pero la sociedad la corrompe. Habrá, por tanto, que ampliar el adagio latino del *homo homini lupus* para extenderlo a las nuevas realidades que ha traido y seguirá trayendo el progreso; dejarlo, por ejemplo, en un *homo omni lupus*. El contacto con el hombre civilizado resulta perjudicial; y si no, que se lo pregunten a los fugitivos de la guerra siria. O al robot de Microsoft. Lo han apartado del hombre como se aparta un tierno infante de cualquier antro: para que no caiga en la depravación. Era una ingenua inteligencia sintética, un bonito logro de la ingeniería que se acercaba candorosamente a sus creadores en busca de conocimiento y edificación, y ha terminado repleto de groserías y bajezas, de zafiedades y abyecciones, de indignidades y hediondeces. El humanoide no estaba preparado para vivir entre humanos. Ahora Microsoft, si tiene presupuesto y ganas, deberá sacar, como lenitivo de la costalada, un robot mejorado, moralmente avisado, con criterio propio, que desconfíe del bellaco zalamero que tiene ante sí.

Esclavos

Igual piensa usted que la esclavitud acabó hace siglos. O quizá piensa que sigue habiéndola, pero encapsulada en marginalidades y sordideces, en abyectas burbujas de ilegalidad, en las afueras de la civilización; que los clubs de alterne, los campos de trabajo infantil o los contratos basura son los últimos reductos del esclavismo. Eso es porque asocia usted la esclavitud con la fuerza bruta; porque imagina que hacer un esclavo es agarrar un ser humano, darle una somanta de palos y uncirlo para que tire de un carro, haga girar una noria o reme como un descosido bajo una lluvia de azotes; porque circunscribe usted la esclavitud a semejantes coyunturas, muy distintas y apartadas de la suya; porque tiene usted una visión incompleta de la realidad. Incompleta porque si bien es cierto que la esclavitud, en su forma «tradicional», sigue practicándose, no lo es menos que proliferan a su alrededor numerosas variedades que amplían el concepto de manera inusitada. La esclavitud superó hace tiempo la barrera de la violencia y se desparrama hoy entre la gente con tal suavidad que millones de personas han caído en ella sin darse cuenta. Los esclavistas no usan ya lazos de cuerda ni grilletes de hierro; ahora cazan con cepos de aburrimiento, anzuelos de voyeurismo y ganchos de pobreza intelectual, que no dañan la carne sino el espíritu. Así logran esclavos de aspecto lozano y atractivo para el cliente. Usted los habrá visto: galeotes rollizos que bogan sin descanso encadenados al banco de una pantalla; ilotas de apariencia saludable que penan amarrados al poste de las modas; forzados lustrosos que cargan ideas ajenas y las transportan de un sitio a otro defendiéndolas como si les pertenecieran; reos de utopía que corren desalados tras la juventud perdida; catavenenos embaulando ponzoñas a carcajada limpia; rozagantes gladiadores del disimulo y la corrección política dándose a base de bien con la malla de la hipocresía y el tridente del interés; sonrosados cautivos del hedonismo perdiendo la vista entre asquerosas renglonaduras y tasajos de papel *couché*. Son esclavos nuevos; esclavos que no lo parecen, aunque los llevan en la misma traílla y con el mismo infortunio y descalabro de siempre.

La *boutade*

Ya no hay *boutade* intelectual –aquella salida de tono genial, de parnasillo literario, con que los escritorazos y los escritorzuelos ejercitaban el ingenio–, sino *boutade* irreflexiva, *boutade* automática, *boutade* como huida o como excusa, *boutade* como instrumento de la masa rebelada. En la *boutade*, como en todo, ha bajado mucho el nivel. La *boutade* ha decaído mucho. Vivimos una nueva era de la *boutade*, o una nueva boutade como era, igual que vivimos demandando afecto vía *whatsapp*, o esperando que alguien preste atención a nuestra lastimosa existencia electrónica: sin saber muy bien por qué. La *boutade* se ha convertido en una escotilla de urgencia, en un escudo contra las complicaciones, en un subterfugio para no pensar. Es la coletilla insolente o cínica con que se zafa uno de las encrucijadas dialécticas; el despropósito que, venga o no a cuento, se profiere alegremente para no tener que argumentar; el «pues te reviento» sistemático y poliédrico; una nueva forma de *boutade*, mostrenca y fácil de usar, que se ha instalado en todos los ámbitos de la vida. La política sinvergonzona y manirrota, despilfarradora de caudales públicos y manantial de propinazas –cuando no traficante de influencias y prevaricadora–, en cuanto se ve acorralada por la ley o por la indignación popular suelta el chorro negro y envolvente de la *boutad*e; o, si se tercia, una serie magistral y desconcertante de *boutades* que son otros tantos capotazos con que va mareando la perdiz mientras aguarda que pase de moda el escándalo. La banca de las medias palabras y las grandes promesas, falaz y voraz, también suelta hoy *boutades* de medio pelo. Y los impostores de toda laya que proliferan en la sociedad neopicaresca que va surgiendo con la crisis.

El fenómeno de la *boutade* barriobajera se ha generalizado, aunque no acaba de ser percibido en toda su gravedad porque transcurre a la sombra del auge desmesurado y absorbente de la electrónica. Incluso parece que la *boutade* ya no se practica; que pasó a la historia con los calaveras del romanticismo y unas últimas boqueadas modernistas. Pero no, la *boutade* no ha desaparecido: la *boutade* continúa existiendo, en otra dimensión y con otra índole. De chispa ingeniosa entre mentes cultivadas, de lujo intelectual para iniciados ha degenerado en ocurrencia vulgar, chascarrillo arrabalero y triquiñuela para el escapismo irresponsable o la burla directa. La masa también quiere adornarse con la *boutade*, y ha decidido tomarla sin otro título que un atrevimiento ilimitado; por eso la fuerza, la deforma, la falsea y la rebaja. La *boutade* actual es puro aguachirle de la inteligencia; una perniciosa contrahechura de lo que fue.

El envilecimiento de la *boutade*, como el sueño de la razón, produce monstruos; está detrás de la decadencia y la degradación de las instituciones, así que no es ocioso ni divagatorio lamentarlo. Sólo hay que oír los esperpénticos pretextos y las obscenidades políticas que se dicen a diario en este país para darse cuenta de la trascendencia que puede llegar a tener el encanallamiento y la chabacanización de la *boutade*.

La devaluación de la canción

La figura del cantante ha perdido su magia; se ha devaluado por culpa de la enorme abundancia de programas y programitas dedicados a las habilidades canoras de la población. Las grandes figuras del pop ya no lo son tanto porque se ha demostrado que no son tan únicas como parecían; que miles de aficionados pueden igualar, sin apenas esfuerzo, sus proezas vocales; que sólo tuvieron éxito porque la sociedad, repleta de cantantes iguales o mejores, les tuvo lástima y quiso dejarles paladear un minuto de gloria. Tanta permisividad, sin embargo, ha terminado. Empezaban a comportarse como divos, a pensar que su talento era exclusivo, a mirar al populacho por encima del hombro, a entronizarse. Había que bajarles los humos, y para ello se ha optado por el expeditivo procedimiento de abrirles los ojos, de probarles que cantar es fácil, de sacar a relucir los miles de cantantes que les calcan el numerito.

Los cantantes famosos han quedado en evidencia, sepultados bajo una enorme avalancha de cantantes anónimos que cantan igual de bien y además arreglan grifos, conducen taxis, dirigen bancos o pintan fachadas. Adiós al mito del ensayo continuo, del ahínco y la constancia, del sudor. El mundo está lleno de cantantes que se hacinan en las poblaciones a la espera de su oportunidad. Cada barrio es una una tetera que silba, una olla pletórica, un volcán que los expulsa por los aliviaderos audiovisuales. Hay una masa rebelada que se pregunta por qué puñetas no puede vivir el mismo cuento de hadas que viven los ídolos de la canción; que no acaba de comprender este reparto de papeles, tan descompensado, entre admirados y admiradores; que reclama un reparto justo de pedestales donde justo es uno para cada hijo de vecino. Eso que haces tú también lo puedo hacer yo y mejor, y enseguida vas a verlo porque para eso hay *castings* y operaciones triunfo, y si mi cara no te suena todavía no te preocupes que dentro de poco te sonará.

El *pop* no es ya un olimpo inalcanzable, ni sus astros rutilan en el fondo negro del infinito: el escenario pertenece a las clases populares, que lo han asaltado con el ariete de la ignorancia y el atrevimiento de una inefable arbitrariedad. Lo que fue admiración se ha convertido en imitación, y para lo que se requirió habilidad basta hoy la mera voluntad. La canción se devalúa porque un cantante ya no nace ni se hace, sino que forma parte del abanico de opciones entre las que todo quisque puede picotear; porque todos podemos cantar si nos lo proponemos; y tener un club de fans, una página *web*, una dirección de *Facebook*, otra de *Twitter* y hasta un álbum en *Instagram*, y reinar en las brumas efímeras de frikilandia.

La literatura marginada

Larra se preguntaba, en 1830, si España no tenía escritores por falta de lectores, o viceversa; y concluía, exhibiendo su amargo pesimismo, que no se daba ninguna de las dos cosas: que aquí no había lectura ni escritura. Pero no era cierto. Este país tuvo y tiene todavía mucho de todo, pero –eso sí– en círculos pequeños y cerrados, en comunidades diminutas y aisladas. Hablamos, claro está –nuestra parva hermandad literaria lo habrá intuido al punto–, de lectura y escritura verdaderas, y no de las melopeas eméticas de Ken Follett, las empanadas insignes de Laura Kinsale o los folletines hemofílicos de Bella Forrest. Hay literatura tanto más beneficiosa cuanto más ignorada, eso lo sabemos todos. Pero en cuanto a la otra, la buena, es evidente que Larra exageraba; quizá porque su afirmación categórica sólo era una hipérbole para expresar su desazón vital, o porque su romanticismo delirante hacía que lo creyese así, por muy ridículo que pareciera, como también creía –ridiculez insuperable– que Dolores Armijo era la condición *sine qua non* de su existencia.

Lo malo de la lectura y la escritura en España no es, por tanto, la poca producción o el escaso «consumo», sino la incapacidad y el desconocimiento. La literatura egregia se publicita, se promociona, se visibiliza en unos ámbitos muy concretos, muy restringidos, prácticamente marginales, de manera que la sociedad en general no percibe su existencia. Se dirá que no es la miel para la boca del asno, aunque nadie negará que difícilmente podrá el asno educar el gusto si no se le ofrecen manjares alternativos a la hedionda cebada cotidiana.

Nuestras multitudes, embrutecidas por el veneno audiovisualoide, viven ajenas a las letras ilustres. Y no se hace nada para cambiar esta situación. Antes al contrario: en la programación de las lecturas escolares, que podrían ser el primer contacto con la calidad, se busca el halago al morbo, a ese voyeurismo nocivo provocado por el cieno que rebosa del espacio digital; esto hace que, hartos de violencia y pornografía, de amarillismo y aberración, los jóvenes no descubran otros tempos literarios, otras maneras de imaginar, otras delicadezas estéticas y otras fruiciones intelectuales, más profundas y humanas, que podrían ser suyas a cambio de una mínima elevación espiritual; que no se den cuenta de que lo grosero destruye más que alimenta; de que la chabacanería no saciará nunca el anhelo que les aletea dentro. Nadie les propone nada nuevo; nadie se atreve a sugerirles algo mejor.

Las masas iletradas o infraletradas huyen de los buenos libros, de los clásicos pasados y presentes; les parecen aburridos porque no han desarrollado la sensibilidad para disfrutarlos; o simplemente los desconocen porque la existencia de unos y de otros ha transcurrido en planos radicalmente distintos.

Basta reflexionar un poco para comprender que la buena literatura seguirá confinada en la marginalidad elitista porque únicamente a sus autores y editores les interesa que salga de ahí.

Las excusas

Lo bochornoso, lo esperpéntico, lo abracadabrante de que, según la última encuesta, el cuarenta por ciento de los españoles no haya leído un solo libro en el último año no es el hecho, sino las excusas. Ninguno de los interpelados ha respondido, lisa y llanamente, que no le gusta leer, sino que han compuesto entre todos el más variopinto y estrambótico museo de las excusas, aduciendo unos que leen por obligación a causa de ser universitarios, otros afirmando sin ruborizarse que no han tenido nunca inclinación por ese «*hobby*», o asegurando convencidísimos que no van a desperdiciar en lecturas el poco tiempo que tienen para disfrutar. Nuestro bajo índice de lectura es vergonzoso, pero nuestras excusas resultan degradantes por elocuentes. Las excusas nos retratan. En las excusas va nuestro analfabetismo secular, nuestra contumacia iletrada, nuestra palurdez invicta. Enarbolamos excusas como puños contra evidencias deshonrosas; apedreamos nuestros oprobios con boñigas argumentales y ergotismos marranos; y actuamos así porque nos atenaza un miedo atávico al trabajo, el mismo pánico ancestral a ganarnos el pan doblando la espalda que nos hizo dejar los campos en barbecho permanente allá por el siglo XVI. De modo que no es el poco leer, sino el nefando excusar; no es el catetismo flagrante, sino la desidia latente. Larra se preguntaba si aquí no había lectores porque faltaban escritores, o no había escritores porque faltaban lectores. Larra se devanaba el seso inútilmente porque no era ni es cuestión de falta, sino de sobra: sobra de holgazanería, negligencia y desinterés. E imprecisión: de un tiempo a esta parte se ha pretendido promocionar la lectura presentándola como algo placentero, cuando lo único placentero que hay en el enervante y esforzado ejercicio de leer es la satisfacción de haber acabado un trabajo, de haber vencido una dificultad. La lectura no es un deleite sino una tarea neuronal, una brega del intelecto cuyo premio está en la edificación personal, en el aumento de la capacidad comprensiva y expresiva, en la fruición de saber. Un premio que, a juzgar por las excusas que nos delatan y nos traicionan, despreciamos. No hay excusa para semejantes excusas.

Lo que vuelve

Vuelven Simon & Garfunkel. No los New Kids on the Block, o los Take That, que no hace mucho que se fueron –y también volvieron–, sino Garfunkel y Simon, vetusto dúo que triunfó hace casi medio siglo. Vuelven Garfunkel y el otro, bastante avejentados pero conservando –deliberadamente, seguro– aquel aire de Pecos a la inglesa que hizo enloquecer a las mismas que ya enloquecían con los Pecos de verdad. Vuelve Simon y vuelve Garfunkel –también volvieron, hace nada, los Pecos–. Vuelve lo retro en las angarillas de la calidad y la originalidad, prendas que no tienen los integrantes de la nutrida patulea que constituye la interminable postmodernidad musical. Y la cosa, bien mirado, no es tan extraña ni tan dramática como parece. En realidad, todo vuelve: Simon & Garfunkel, Sex Pistols, los Pecos, las corruptelas de los prebostes y las guerras oficiosas en tierra petrolífica. Algunos, incluso, nunca se han ido. El espectáculo y la política se acercan cada vez más. Los políticos y los faranduleros vienen practicando con verdadero entusiasmo similares procedimientos de *ritornello*. Compárense, al respecto, las injerencias bélicas del capitalismo decadente –limitadas, por descontado, a países expoliables–, y las angustiosas terceras juventudes de algunos cantantes.

Vivimos una era de retornos. Vuelven las viejas glorias musicales y las viejas miserias políticas. La historia parece haber caído, por escasez aguda de originalidades –o de ganas–, en una espiral inacabable de regresos y de repeticiones rancias. No se indaga, no se busca con verdadero ahínco, ni en la farándula ni en la política, para encontrar soluciones nuevas, estilos inéditos, caminos vírgenes, hormas a estrenar. ¿A quién le interesan, después de todo? Suponen demasiado riesgo; un riesgo que ya nadie quiere asumir. Manda lo práctico, lo inmediato, el utilismo salvaje y expeditivo del camino trillado. El negocio de la política internacional y el negocio de la música no están dispuestos, hoy por hoy, a invertir tiempo y dinero en meditaciones previas. Han optado por echar mano de las fórmulas de siempre, aquellas que han «funcionado» en otras ocasiones; las fórmulas –en el caso de la política– de resultado rápido e insuficiente y consecuencias desastrosas y prolongadas.

Vuelven los viejos cantantes como vuelven las viejas tácticas carroñeras de la política internacional. Aquéllos fingiéndose novedad ante públicos impúberes; éstas en plan mediador marrullero, siempre al acecho para sacar de la trifulca la mejor tajada. La diferencia entre unos y otros estriba en que los cantantes intentan revender lo suyo, mientras que los otánicos pretenden saquear lo ajeno. Lo de Libia, como antaño lo de Irak, seguirá volviendo indefinidamente mientras la política internacional esté dirigida por bucaneros.

Buena suerte para Simon & Garfunkel: ellos vuelven, sencillamente, por escasez de rivales.

Telefilmes bajo sospecha

A uno le parece sospechosa, e incluso preocupante –si a uno le preocuparan estas cosas–, la proliferación de series y telefilmes pretendidamente históricos acerca de personajes y episodios más o menos pretéritos de la vida nacional. Preocupante porque la ignorancia popular en punto a historia es hoy, quizá, la más alta del paleolítico acá, y eso puede generar fuertes tentaciones de tergiversación a quienes manejan o aspiran a manejar el cotarro. Sospechosa por la posibilidad real de que tales tentaciones cristalicen o hayan cristalizado ya en más de un producto audiovisual que difunda una visión espuria de la historia. No hay más que ver el retrato de Isabel I la Católica que hizo su pintor de cámara, Juan de Flandes, y que se conserva en la Real Academia de la Historia –un retrato que muestra la reina fea, gorda, mofletuda y con asomos de bigote, la reina con cara de hombre que fue Isabel de Castilla– y compararlo con la imagen idealizada y, por tanto, falsa que ha ofrecido la reciente serie televisiva sobre la esposa de Fernando II de Aragón. Del contraste surgen chirridos recelosos; chispas de suspicacia; una intensa desconfianza en la veracidad que puedan tener los hechos presentados en la serie. Nos pintan a la reina como no era, y también es presumible que nos cuenten la historia como no sucedió. Al fin y al cabo no se trata de un documental riguroso, sino de una serie recreativa; y en cualquier caso, ¿quién hará el cotejo? Yo confieso que no tengo ningunas ganas; y no tanto por pereza como porque la experiencia, en asuntos como este, sugiere que se puede ahorrar uno las comprobaciones.

Algo similar sucede con el telefilme de Miguel Bardem, emitido esta semana en televisión española, y que supuestamente recrea el asesinato del general Prim en 1870. Mucho detalle, mucha dramatización, mucho entresijo, mucha «interpretación»; tanta que uno acaba oscilando entre la sensación de que ha surgido en ciertas esferas el propósito de combatir el analfabetismo histórico y la sospecha de que las mismas esferas pretenden, apoyadas en el mismo analfabetismo, reescribir la historia de una manera conveniente para sus intereses ideológicos. Intereses que, a la postre, suelen acabar siendo económicos.

Pequeña divagación

El atropello y la precipitación que caracterizan hoy el paso del tiempo dan lugar, entre otros fenómenos, al abandono de actividades, necesidades y ocupaciones mucho antes de haber agotado sus posibilidades. Podemos verlo en la pintura, donde los estilos han visto sustituido el conocimiento, la práctica y la profundización por un picoteo desordenado, breve, nervioso, azuzado por una urgencia de la novedad que les impide alcanzar cualquier cima, por modesta que sea. También podemos verlo en las costumbres –sobre todo en las juveniles– donde una absurda ansiedad por experimentar siempre lo más nuevo destruye las oportunidades de serenidad, de plenitud, de consecuencia, de sensatez y de sentido que les brinda la vida. Somos cautivos de una vorágine que gira sobre sí misma; las épocas pasan de la novedad al pasado más absoluto sin zonas intermedias, de suerte que lo que hoy es necesidad imprescindible, mañana es molestia superflua y olvidada. El tiempo aparenta hoy densidad y abundancia, pero debajo de este aspecto hay mucho vacío. El confundido planeta en que vivimos no para de generar necesidades materiales, adornadas con la atractiva apariencia de la facilidad, que discurren paralelas a otras necesidades más urgentes y más dificultosas, como disimulándolas y quitándoles importancia, aunque sólo consigue aplazarlas.

En un mundo en que las necesidades de comunicación exigen conocer el mayor número posible de idiomas, se va perdiendo la capacidad –que no precisa academias– para entenderse dentro de la misma franja cultural. Se aprende inglés, alemán, ruso, italiano, y se olvida el idioma que media entre jefes y empleados, entre público y funcionarios, entre jóvenes y viejos, entre políticos y votantes, y hasta entre vecinos y presidente anual de comunidad de propietarios.

Todas las manifestaciones del arte participan de los sinsabores, desolaciones, anhelos, decepciones, esperanzas, empeños y demás vaivenes del ser humano en su búsqueda del ideal; pueden percibirse en la literatura –léase *Don Quijote de la Mancha*–, en la pintura –véase la mirada de Velázquez en su *Autorretrato*–, en la escultura –contémplese la estatua *El esclavo rebelde*, de Miguel Ángel–, y, sobre todo, en la música, que es la categoría del arte que más directamente expresa los movimientos del alma –escúchese la *Missa CKV 257 Credo Messe*, de Mozart, sobre todo en el punto en que, mediada la pieza del *Credo*, el genial compositor austríaco logra uno de sus fragmentos más excelsos–.

Uno se pregunta si realizaciones artísticas tan admirables como las apuntadas serán producto, precisamente, de esta contraposición entre el ansia de ideal y las limitaciones materiales, que acompaña al hombre desde su misma naturaleza; y que se produjeron en el pasado porque entonces las cosas del espíritu formaban parte esencial de la vida; y que por eso mismo el mundo actual, transido de superficialidad y radicalmente contrario a las dificultades, no puede ya ser escenario de consecuciones de la sensibilidad comparables a las de antaño.

Cito directamente a Sancho Panza, en una frase que pronuncia durante el episodio del encantamiento de Dulcinea del Toboso:

> "Todo puede ser, porque también me turbó a mí su hermosura, como a vuesa merced su fealdad; pero encomendémoslo todo a Dios, que Él es el sabidor de las cosas que han de suceder en este valle de lágrimas, en este mal mundo que tenemos, donde apenas se halla cosa que esté sin mezcla de maldad, embuste y bellaquería."

Si esto decía el buen escudero en aquellos años, ¿qué diría hoy? Es verdad que la frase, como tantas frases clásicas, puede aplicarse a nuestra época, pero debemos considerar que fue pronunciada en otra muy distinta, por lo que sus variaciones, de ser motivada por el paisaje moral, social y cultural de nuestro tiempo, serían más que presumibles; y cada cual las imagine según su entendimiento.

La gran virtud de muchos artistas clásicos estriba en que pudieron cotejar lo que veían a su alrededor con determinadas escalas de valores, o de principios, o como quiera que se denomine a todo aquello que se orienta hacia una cierta perfección. Hoy parece que no hay modelos medianamente definidos, que no hay ideales con un mínimo esbozo de concreción, sino que todo se relativiza, se desdibuja, se amalgama en una homogeneidad confusa. Sin embargo, nos queda el recurso de la esperanza, alimentada por la permanencia –quizá menos llamativa o preeminente, pero por eso mismo más depurada y fiel a su origen– de las verdades que nos fueron anunciadas. Contemplar el mundo de hoy a su luz nos conduce siempre a conclusiones completamente apartadas del pesimismo, de manera que, contra lo que podría pensarse ante algunos panoramas, se abren para el futuro manojos enteros de posibilidades y de ilusiones.

EN LA COMARCA DE LA MORAL

Supongo que no todos los moralistas habrán llegado a ser santos, aunque no dudo que lo habrán intentado. Aspirar a la santidad es una obligación y un privilegio del hombre, se dedique al noble oficio de la fontanería o a moralizar de manera ocasional y sin periodicidad fija. El escritor que observa la realidad y trata de interpretarla se hallará muchas veces, forzosamente, con ciertas bajezas, ciertos desistimientos, ciertas abyecciones, ciertas cobardías, ciertos egoísmos y ciertas maldades, más o menos disimuladas, cometidas contra unos pocos o contra muchos; y, si no quiere incurrir en complicidad o encubrimiento, no podrá ni deberá callar.

Vivimos un siglo de manipulación y de confusión moral. Hay una brecha llamada relativismo en el casco del criterio colectivo, y está muy cerca de la línea de flotación. Cualquier cosa, incluida la verdad objetiva, se cuestiona en el nombre de la conveniencia particular. Nada se considera estable porque todo puede obstaculizar, en un momento dado, la entronización del capricho humano. Así que todo ha de ser susceptible de mudanza; o se pretende que lo sea. Y como elemento coercitivo de semejante arbitrariedad se ha instaurado una grave pena de ridículo, un terrible péndulo de Poe que se cierne sobre todo el que ose criticar la inmoralidad palmaria o el amoralismo desintegrador que preside nuestro tiempo. Esto hace absolutamente necesario, imprescindible, hablar hoy de moralidad. El moralista combate ahora la inmoralidad y, a la vez, la inmunidad con que la revisten. Hay que arrancar sin miedo, sin complejos, la carantamaula que protege lo mezquino y lo pérfido; no dejarse ahuyentar por su amenaza de rechazo y ostracismo. Dirán que pontificamos, que somos «intolerantes», que nos imaginamos dueños de la verdad; nos tildarán de autoritarios... pero no será cierto. Sólo serán sofiones, berrinches y alaridos de tramposo descubierto, de réprobo acorralado.

No es lícito permanecer en silencio cuando pasa una mentira fingiéndose verdad, una palabra capciosa o un concepto espurio: ni el aborto es una terapia, ni la sodomía es matrimonio, ni la orientación sexual se decide, ni un delincuente cuela como preso político, ni la fanatización es un procedimiento educativo, ni la caridad es compatible con la indiferencia. Cada cosa tiene su nombre, y en todas las épocas hay eufemismos impuestos y verdades incómodas, cuando no proscritas. Escribir sobre moral es peligroso. Se halla uno expuesto a las iras de los grupos coercitivos, últimamente llamados *lobbies*; hace saltar uno, si obra con rectitud y sin prejuicios, las feroces gárgolas que preconizan la subversión; se le vienen a uno encima las hordas de la tergiversación y las ruedas de molino que son moda y conveniencia en cada instante. Hay, sin embargo, verdades objetivas, como afirma el Papa emérito Benedicto XVI. Siempre las habrá, por la perogrullesca razón de que son objetivas, y es un deber intelectual contraponerlas al sofisma interesado. ¿Y por qué, después de todo, no cumplir ese deber? Conocemos una característica de la Verdad que la distingue de las de-más «verdades»: que no se impone, sino que se propone. ¿Por qué, pues, no proponer aquéllo de cuya certeza nos hablan todas las fibras de nuestro ser? ¿Por timidez? ¿Por simple respeto humano? Las modas no pueden merecernos crédito alguno porque cambian arbitrariamente, movidas casi siempre por intereses económicos. No debemos dejar que nos condicionen. Todo lo que no es verdadero busca imponerse, aunque sea por medio del chantaje o de la violencia física. Desconfiemos, por tanto, de todo fenómeno avasallador y dediquémonos a lo que se afirma humildemente, a lo que se dice con sencillez y permanece a la espera, confiando en el discernimiento humano, apelando a la sensibilidad, aguardando un diálogo con el espíritu.

Entra en la comarca de la moral y comprueba, por fuerza o de grado –según tu condición–, que los disfraces no cambian las esencias; que las cosas pueden aceptarse o rechazarse, pero son como son. Y si algunas de mis moralidades te irritan, piensa que algo tienes ganado, puesto que la contrariedad suele ser antesala de la reflexión. Quítate la hedionda enjalma de gregarismo que llevas y recorre sin aprensiones el territorio que tienes delante. Y recuerda, sobre todo, ahorrarme salvedades trilladas, reproches archisobados y estupideces manifiestas. A ti te corresponde gestionar tu admiración o tu coraje, porque a mí –¿para qué iba yo a engañarte? – no me interesan. Lo que yo te recomiendo es que no te dejes caer por el desgalgadero de la pusilanimidad; que valores tu carácter y seas tú mismo, apoyado en la verdad católica –que no debes temer como limitación, sino aceptar como plenitud– el autor de tu criterio; que no te avergüence nadar contra corriente, ser heteróclito y discordar en la cantinela colectiva. Mira que las masas andan desorientadas, embistiendo a unas modas y a otras como un toro agonizante; que son confundidas por un exceso de reclamos, llamativos pero hueros; que alguien inculca en sus mentes inermes unos valores y unos principios diseñados *ex profeso* para moverlas en la dirección establecida. No te sumes a la runflá de los galeotes inmorales, ni te apuntes a la garullada equidistante de las amoralidades. Para ser libre, busca la verdad y sé consecuente.

Europa*

Europa sc reúne; Europa se agita; Europa trasiega maletas y prebostes, azuza chóferes, apremia mucamos y asalta hospedajes opulentos entre selvas nórdicas; Europa organiza tambarrias memorables y cuchipandas opíparas con el aforo limitado y el disimulo de *smoking*. Europa finge urgencias cuando arrecia el griterío de las alambradas y los barrizales. Europa ensaya logomaquias, prestidigita falacias, vomita embustes y siembra vientos de cinismo. Europa, trasunto de marido español, finge ocupaciones para justificar ausencias. Europa conjura la perentoriedad con saraos en perspectiva y debates a la vista. Europa da largas a ciertas realidades para seguir no se sabe qué inercias. La pudorosa Europa sofoca insensibilidades que luego revientan entre bucolismos alpinos, brindis vergonzosos y acuerdos inmundos. Europa quiere nadar y guardar la ropa, convencer de una implicación que no siente, hacer el paripé y aprovechar la coyuntura para salir de casa y charlar con los amigotes. No acepta moralinas ni remordimientos, y en cuanto escucha que se acercan toma gabán y sombrero, calza guantes, cala chistera y manda enganchar. El auriga, cómplice habitual y perito en calaveradas, ya sabe la dirección y fustiga con saña. El casino está preparado, las cartas precintadas, las fichas distribuidas, el *croupier* ansioso y el público expectante. Otra noche de juego, de vorágine y de bambolla; otra borrachera de palabras y grandilocuencias; otro espurreo de compromisos y de solidaridades; otro derroche de luces, de trajes, de muebles y de libreas. Europa monta una timba cuando la conciencia le muestra el drama fronterizo. Europa no quiere ver y baraja intensamente, nerviosamente, obsesivamente –hablamos luego, cariño, que ahora tengo un asunto inaplazable–; hay que salir de casa enseguida, agarrarse a las vueltas de la ruleta, fijar la vista en las cabriolas de los dados, hacer como que se hace, aplazar la conversación. Pero la noche fenece y la realidad se impone: toca volver, hacerse cargo, afrontar. Los gases lacrimógenos, los petardos, los manguerazos y las mil ignominias han quedado en el oscuro intemporal de la francachela. Es tiempo de aguantar los reproches y enmendarse; de recuperar la dignidad perdida en los campamentos de refugiados; de trabajar en algo de verdad para que la mentira no nos devore.

**Artículo elegido entre los diez primeros –de ciento sesenta– en el Premio Nacional de Periodismo «Francisco Valdés» 2017*

La batalla de la x

Ha empezado, una vez más, la batalla de la x que todas las primaveras libran los jirones rancios, los trasnochados residuos de antifranquismo que todavía quedan. Como butifarras olvidadas que siguen curándose indefinidamente hasta el acecinamiento supremo –pura tripa y carbón–, los nostálgicos del régimen dictatorial –carnemomia ideológica, irreducible y contumacísima– conciben fantasías patológicas, miran a través de un vidrio preterizante para no reconocer la realidad contemporánea y repiten, año tras año, la estrafalaria denuncia de una inexistente financiación de la Iglesia por parte del Estado. La ojeriza encallecida que tienen a lo católico les nubla el sentido y ven subvención donde sólo hay ahorro; confunden donativo popular con gasto público; trocan en asignación presupuestaria la generosidad y la consciencia de cada vez más gente. Supuran tergiversaciones. No les gusta –vaya usted a saber por qué antiguos heredados rencores– que la Iglesia reciba nada, y dan al aire la batalla de la x invocando la infantería fantasmagórica de los prejuicios y el gran cañón de la crisis económica. Su propia fogosidad les traiciona: dicen, por ejemplo, que hay recortes para todo menos para la Iglesia, pero esto es cierto simplemente porque no hay nada sobre lo que pudieran efectuarse. Sí: hace tiempo que la Iglesia no percibe dinero del Estado, sino que se financia exclusivamente con las aportaciones de sus fieles, a razón de un 25% proveniente de la x voluntaria en las declaraciones de renta y un 75% de las colectas y donativos privados. Y muy tonto sería el Estado si eliminase la casilla para la Iglesia de la burocracia tributaria, puesto que con ella se ahorra el fortunón que cuesta la ingente labor social que la Iglesia realiza mediante Cáritas, residencias, centros de acogida y un largo etcétera. Esto, sin embargo, no significa nada para cierto anticlericalismo vetusto que sobrevive oculto en las cloacas ideológicas del país y alivia su amargura exhalando embustes. Como los argumentos que utiliza en la batalla de la x. Afortunadamente, los hechos demuestran que la gente ya no pica, que las mojigangas televisivas y el pseudopanfletismo que segrega la infraizquierda en época de alcabalas ya no surten efecto: cada vez son más los que dedican parte de sus impuestos a la Iglesia.

La batalla de la x es un infundio; una batalla sin campo y sin objeto; una batalla con un solo bando, pertinaz y obstinado, que lucha contra nada porque más allá de su insatisfacción existencial, de sus agrias frustraciones y de su virulenta furia no hay nada que combatir.

Aclarando confusiones

Sr. P*: es evidente que mi artículo sobre la x en la declaración de la renta le ha picado en lo vivo. Sólo hay que ver cómo ha saltado. Y aunque no acostumbro a polemizar sobre nada –sobre todo en asuntos apodícticos–, en este caso le daré una breve respuesta porque me da la impresión de que algo le obceca y anda completamente confundido. Lo digo porque ha dedicado íntegramente su escrito a desgranar el «coste» de las cosas en que la Iglesia interviene –proyectos sociales gestionados por instituciones católicas, colegios concertados de titularidad católica, hospitales y centros de salud regentados por órdenes religiosas, etc.– como si fueran un gasto para el Estado, pero no se ha informado en absoluto de lo que costarían si el Estado asumiese íntegramente todas estas tareas. ¿Sabía usted que por cada 1% de los alumnos que se conciertan en España, el Estado se ahorra un total de 285 millones de euros? Lo dice un estudio elaborado por el Foro de la Familia en Granada, con datos del Ministerio de Educación y de la Confederación Española de Centros de Enseñanza. Y si lo quiere usted en cifras más redondas, sólo tiene que cruzar los datos de matriculaciones del Ministerio de Educacion con el número de alumnos de cada centro concertado: descubrirá que cada alumno de centro concertado ahorra al Estado 2.000 euros al año. Y respecto a los demás ámbitos en los que la Iglesia presta servicios, únicamente le diré algunos ejemplos: más de 76.000 personas atendidas en centros de ancianos, enfermos crónicos y discapacitados; más de 565.000 en centros de víctimas de violencia; más de 7.300 en centros de rehabilitación de drogadictos, y casi un millón en los centros de Cáritas. ¿Piensa usted que no deberían ser atendidas? Yo creo que no lo piensa; y, por tanto, estará de acuerdo conmigo en que la Iglesia resulta una verdadera bicoca para el Estado.

No le cansaré con más cifras. Mi propósito, sr. P*, no es apabullarle, sino hacerle comprender que más allá de anticlericalismos y de ideologías hay realidades objetivas que no se pueden soslayar sin hacer el ridículo. Espero haber contribuido a que abra los ojos y deje atrás esa postura intransigente y gregaria que muestra en su escrito, y que dice muy poco de la racionalidad y la independencia de criterio a que debe aspirar –a que yo estoy seguro de que usted aspira– todo intelectual. Un abrazo.

Monstruos de la razón dormida

Un artículo mío, *La rechifla de la UE*, tuvo la mala suerte de compartir página, el otro día, con un chafarrinón literario en defensa del aborto cuyas primeras líneas rozaban la monstruosidad y las últimas nadaban de lleno en ella. Digo mala suerte porque suelo guardar con fruición las páginas en que salen publicados mis artículos, y en este caso no podré hacerlo sin enjalbegar –como hace Max, el protagonista de *La ladrona de libros*, con las páginas del *Mein Kampf*– el espacio que ocupa semejante atrocidad. Empieza el brebaje desgranando los archiconocidos despropósitos con que justifican el aborto quienes fuerzan su mente para encajar en ella la irracionalidad argumental de que un feto no es un ser humano. Pero luego el autor, seguramente animado por sus propias palabras, arrebatado por la conciencia de su alta misión proabortista, enajenado por haber llegado a la estratosfera de la demagogia, se sintió capaz de ir más allà, de conquistar el hiperespacio de la truculencia, y soltó el escupitajo intelectual, el desatino supremo, la salvajada padre de relacionar el aborto con la crisis, con una fórmula que permanecerá en los anales de las cartas al director como la panacea económica, la gran ocurrencia, el chilindrón de la lucha contra el déficit que pasó desapercibido: asevera el firmante, después de comparar los 112.000 no nacidos el año pasado con 112.000 inmigrantes ilegales que habrían podido llegar y no lo hicieron, que –atención– "en época de crisis, el aborto es vital". Qué tío. Menuda penetración. ¿Cómo no se le ocurre al gobierno? Una solución tan fácil y barata. Porque aplicando esta lógica se acabaría enseguida con la crisis. Si 112.000 abortos nos han librado de 112.000 bocas que alimentar, se podrían eliminar también todos los enfermos, todos los deficientes mentales y todos los parados. Problema resuelto. Abundancia inmediata. Complicaciones fuera. Y encima tenemos un ejemplo histórico muy bien estudiado que serviría de referencia: el período comprendido entre 1938 a 1944, en que Alemania vivió sus mejores prosperidades merced al amenísimo y muy asequible manual escrito por aquella eminencia de la estrategia económica y social, aquel prodigio de sensibilidad que se llamó Adolf Hitler. Su método es el más eficaz para conseguir una sociedad perfecta, sin contrariedades ni amarguras: eliminar todo inconveniente, to-da incomodidad, todo elemento *no deseado*. Y ahora en serio: resulta muy preocupante que una parte de la sociedad niegue la evidencia de que un feto es otra vida, de que una mujer puede tener o no elección sobre su embarazo antes de concebir, pero que después, en cualquier caso, tiene una responsabilidad. Sin embargo, que se hable del aborto como si aportase un eventual beneficio económico, que haya quien parezca verlo como un paliativo de la crisis, hace saltar todas las alarmas. Cuando la razón duerme, aparecen monstruos.

Vade retro

Vade retro el miasmazo hipócrita del monipodio europeo, la doblez seca del mundo civilizado, el petardo moral de los países honorables que, presa de un escándalo ulcerado y purulento, anatematizan las medidas norteamericanas contra la inmigración ilegal. Brazos arriba y ojos en blanco ante la sola mención de un vallado que permita controlar el flujo humano entre México y Estados Unidos, cuando aquí tenemos centenares de africanos encaramados a una empalizada como los monos mientras esperamos que caigan derrengados al pedregal de su rabia, de su hambre y de su miseria. Dedo acusador y espumarajo en la boca para denunciar que Trump cierra sus fronteras a determinados países, pero aquí alambradas y cámaras, policía y sabuesos contra el avance de la marea pobre, de la riada indigente, del aluvión desharrapado que amenaza ensuciar nuestras plazas y afear nuestros paisajes con el hediondo tizne de la desgracia. Suprema execración hacia la infamia de poner impuestos a los mexicanos para que sufraguen el muro de su ostracismo, pero vista gorda y disimulo indómito con las inmoralidades manufactureras que comete diariamente la gran especulación occidental. Atrás, continente rijoso y obsceno; atrás, comunidad materialista, falsa y caduca; retrocede con tu indiferencia frente a las concentraciones de hipotérmicos hambrientos que se hacinan junto al portillo de los desperdicios, con tu soborno a los turcos para que taponen la hemorragia, con tu insensibilidad a la neumonía y la cefalalgia, la desnutrición y la desnudez, la humillación y el ahogo, la estupefacción y el martirio de los extra(infra)comunitarios. Cierra esa boca desdentada si tienes que abrirla para censurar desmanes que tú duplicas. Desempolva tu espejo y horrorízate: observa tu cara sensual y demacrada, tus ojos insomnes y pitañosos, tus dedos flacos y avarientos, tu refinada política senil y tu opulento parlamento embustero. No apostrofes a nadie porque tu recriminación rebotará en este cristal que sirve a tu vanidad y golpeará de lleno tus ínfulas, tus fantasías y tus locuras. No intentes erigirte juez porque tan pronto como lo hagas descorrerás el cortinón que cubre tus crímenes y quedarás ante la platea en tu verdadera estampa: con toda tu incoherencia, tu malicia, tu fariseísmo y tu retortijón al aire.

Naufragios

Hagámonos, querido lector, una pequeña confesión. Admitamos que nos deja indiferentes la noticia del enésimo naufragio, de la enésima catástrofe, del enésimo crimen, del enésimo ahogamiento. Reconozcamos que la copiosa violencia cinematográfica nos ha embotado la sensibilidad, y el excesivo bienestar nos ha hundido en el materialismo; que nos hemos vuelto muy egoístas, y ante las atrocidades cometidas en tantos lugares y el silencio perpetrado en tantos otros nos escondemos puerilmente bajo la sábana de la impotencia. Puedes convenir conmigo en ello con toda tranquilidad porque aquí, mientras vas leyendo con aire distraído –y como disimuladamente– mi artículo, nadie de los que ves a tu alrededor te lo notará. Confiésalo, pues; percíbelo; compruébalo: las últimas tragedias no te importan lo más mínimo. Y si albergas alguna duda, compara el efecto que te ha producido conocerlas con la vinagrosa contrariedad que te causaría descubrir una raya en el coche o una corcova en la puerta del garaje. Tengo la completa certidumbre de que asentirás, aunque no debes preocuparte si en ese momento algún allegado te pregunta por qué lo haces: posees una variada colección de pretextos, y eres ducho en esgrimirlos. A mí también me ocurre, así que aceptémoslo juntos y avergoncémonos aquí, en la intimidad que nos proporciona esta conversación diferida. Porque tal vez la vergüenza nos permita descubrir un ventanuco por el que atisbemos que no es imposible hacer algo contra tanta barbarie; intuir que, a pesar de nuestra pequeñez, nada nos impide hacer un esfuerzo para dolernos del sufrimiento que contemplamos, para empatizar con los millares de fugitivos que perecen mientras huyen del terror de la sinrazón y la brutalidad. La condolencia, la compasión que sintamos al ponernos en su lugar, aunque no nos lo parezca, será una forma de hacer algo, porque con ello nos rehumanizaremos nosotros, que ya somos dos, y porque nuestro dolor tendrá, seguro, a nivel sobrenatural, otros efectos cuyo mecanismo no alcanzamos a comprender, pero que comienzan por salvarnos a nosotros mismos del naufragio apático en que perecíamos.

La doble sensibilidad

No es una paradoja cualquiera entre las muchas que contiene la vida española; no es un contrasentido más, como pueda serlo el rechazo empresarial a los cincuentones en paro: la doble sensibilidad que profesa el vecindario ibérico es el gran despropósito, la paradoja madre, cuya explicación pasa por un diagnóstico deprimente del decoro patrio. La moral de nuestras muchedumbres padece un grave desdoblamiento, síntoma polivalente que tan pronto indica la pervivencia de la consuetudinaria crueldad hispana como pone de manifiesto una enorme asimilación del hedonismo contemporáneo.

El caso es que hace unos días fue inaugurado el tercer incinerador de mascotas de toda España, la tercera *morgue* para fauna de compañía, el tercer crematorio animal con «categoría» humana. Y al parecer, con éxito. Cunde la manía del buen sepelio para perros, gatos, canarios, iguanas y demás bestias de mitigar soledades; cunde la excentricidad, la chorrada ceremoniosa, el culto a lo superfluo. Se quema el bicho muerto, se guardan las cenizas en un baulito con su nombre y se le tributa perpetuo recuerdo. No tardaremos en ver esquelas zoológicas: "falleció Canelo, perro fiel y cumplidor. Tus amos no te olvidan". Porque, bien mirado, con esto de la hiperestesia ecológica, no solamente la incineración, sino todo el aparato anejo al noble oficio funerario tiene campo abierto a la diversificación y al auge.

Lo malo es que tanta delicadeza, tanta cursilería *post mortem*, tanto melindre para con la fauna contrastan con la indiferencia, la cobardía, el mirar para otro lado, el eufemismo salvaje para con el asesinato prenatal.

Se dignifica la muerte de los animales y se denigra la vida humana; se rinde homenaje póstumo al chucho y se muele al hombre, dentro de su madre, cual inmundicia patológica. Doble sensibilidad. Pura deshumanización. Animalización pura. Por eso más de uno considera la mascota como un congénere.

La ley recurrente

El gobierno valenciano va tejiéndose, a juego con el pasado ideológico al que pertenece, la negra túnica de la intransigencia; va dibujando la silueta lúgubre del fanatismo político; sigue ofreciéndonos el borbotón siniestro que prometía su campaña irreverente y pancartista. No hay disimulo que valga ni eufemismo que baste a encubrir su objetivo único, su obsesión centenaria, su monotonía sórdida, su anticlericalismo radical. No existen matices entre las izquierdas cuando se trata de atacar a la Iglesia; no hay diferencias ni siglas que las representen: frente a la religión católica la izquierda es una e indivisible, con rabo y tridente, cuernos y pezuñas, fuego y rabia. La fiesta del nueve de octubre fue una excusa; la cabalgata de Reyes fue otra, y la ley autonómica de identidad sexual también. Todo le sirve de coartada para cargarse los valores que le repatean, para ocultar la verdad e imponer su mentira. Ni le importa el nueve de octubre, ni los festejos navideños, ni los conflictos de identidad que tengan o dejen de tener los niños: únicamente le importa zaherir a la Iglesia, destruir la espiritualidad, negar lo trascendente. Ha inventado una norma que la Iglesia no pueda cumplir; una trampa legislativa; una tentación de infierno elemental: traiciónate y descansa, renúnciate y materialízate, calla y otorga. La cosa va de poner a la Iglesia entre sus principios y la ley, además de colocar un embellecedor burocrático al patadón furioso, al zurriagazo atávico, al sectarismo puro. La Generalidad regolda sulfuro de intolerancia, bilis tenebrosa de la contrariedad acumulada en las décadas del mandato popular. Es el momento del rebuzno «progresista», del alarido ateo, de la sombría inquina milenaria, del oscuro miasma en que navega la barca de Aqueronte. Así que apretarán los dientes, comprimirán los párpados, angostarán el gañote y seguirán defecando las animaladas que les dicte su frenética desventura. Continuarán saltando entre las brasas y soltando coces y mordiscos, como los precitos de Torres. Seguirán poniendo en el disparadero a los colegios del Evangelio, acorralando lo eclesial con ocurrencias capciosas y sofismas avinagrados. Excretarán más leyes y con aspecto distinto, pero en realidad serán todas la misma: la ley recurrente del pensamiento único.

Más de cien mil asesinatos al año

El aborto bate récords en España. Más de 115.000 se practican al año. Una cifra que no suele ponerse junto a la de muertos por violencia doméstica, o junto a la de muertos en atentado terrorista, o junto a la de cualquier otro tipo de asesinatos, como si no tuviese nada que ver con ellas, como si el aborto no fuese tan asesinato como los otros asesinatos. Una cifra de muertes tan intencionadas como la que más pero que, curiosamente, se deja en sitio aparte, silenciada, medio escondida. Simples maniobras, prestidigitaciones burdas para soslayar la realidad que solamente logran su propósito, como en la hipnosis, con los predispuestos. Y ni siquiera eso. Porque todo el mundo sabe –y los predispuestos al autoengaño más que nadie– que abortar es cargarse al hijo no deseado –sí, al hijo: no a un perro, ni a un gato, ni a un ser indeterminado, sino al determinadísimo ser humano que surge de la procreación humana–; que abortar es hacer desaparecer el «residuo» molesto, el «incómodo producto» del sexo deportivo; y de hacerlo desaparecer por simple fastidio, por verificar a la fuerza la realidad apócrifa, televisiva, de la efusión carnal sin consecuencias. Es terrible imaginar cuántas mujeres viven con el secreto –el angustioso, el abrumador, el asfixiante secreto– de haberse matado un hijo.

Por mucho empeño que pongan ciertas mentalidades, el aborto no es una «opción». No es ningún «tratamiento» médico, ninguna «cura» de urgencia. Cualquier embarazo, incluso el «accidental», supone una vida nueva de la que nadie puede disponer. Por eso resulta estremecedora la creciente profusión de madres que organizan el entierro sangriento de su condición y de su conciencia.

No hay disfraz que valga

Salen periódicamente, como los del fracaso escolar o los del paro, los datos del aborto. En la última década –una brizna de tiempo, si se compara con lo que tardan en surtir efecto las medidas económicas de nuestros gobiernos–, el número de seres humanos asesinados en el vientre de sus madres ha crecido un 70%. Esto es muy necesario decirlo –denunciarlo– así, en su cruda realidad, apartándose del perverso *argot* que la cobardía y el egoísmo han tejido en torno al tema, para que la sociedad penetre toda la vileza que pretenden ocultar los eufemismos. Cualquier eufemismo se vuelve transparente ante la índole brutal del aborto, cuya iniquidad puede ser demostrada, igual que la de un homicidio alevoso cometido en plena calle, sin argumentos. El aborto mismo es el argumento. Su misma existencia patentiza su inmoralidad y su abyección. Los argumentos contra el aborto –siempre inferiores a su realidad abominable– han surgido como respuesta caritativa frente al espejismo de los argumentos a favor, inasibles tanto para los abortistas más acérrimos como para las madres que sufren la doble muerte de un aborto premeditado. Porque un aborto no mata únicamente al feto: mata una parte de la madre también; una parte que nunca recuperará y que siempre le dolerá.

Más que abortistas *per se*, lo que hay son personas dispuestas a perpetrar un aborto en aras de otras cosas; personas capaces de cerrar los ojos e infligir –o infligirse– una herida que nunca cicatriza para no perder diminutas materialidades. No sólo es el aborto, pues, lo que debe combatirse, sino el hedonismo, el egoísmo, la soberbia y la ignorancia que hay detrás. Cualquier abortista sabe que no rechazaría su vida si hoy se descubriese fruto de una violación. Por eso lo que defiende no es el aborto en sí mismo, sino la independencia, las comodidades, los planes, los caprichos –las tonterías– a las que, supuestamente, debería renunciar ante la responsabilidad que conlleva la concepción. De modo que toda la intrincada –y absurda– selva dialéctica sobre si un óvulo humano fecundado es persona o no es persona es el berrinche pueril del que no acepta las consecuencias de sus actos o las eventualidades de la vida.

Urge decir confiadamente, sin miedo, aun sabiendo que se levantarán ampollas de impotencia –las más lacerantes–, que no hay disfraz que valga para el aborto. Ni siquiera el de las palabras, tan dúctiles y traicioneras. Que su realidad –horrenda, cruel, descarnada, espantosa– flota siempre sobre sofismas y distorsiones.

Basta ya de abortos. Basta ya de muerte. Basta de sinrazón y de barbarie. Basta de proyectar los resentimientos ideológicos y las corajinas infantiloides contra el ser humano más ingenuo y confiado. Basta ya de permitir, con la inacción legislativa, formativa y asistencial, el crimen más atroz que cabe imaginar.

Pobres

Los acomodados gobiernos europeos rechazan la inmigración africana. Los boyantes gobiernos europeos han minimizado cuanto han podido el drama del éxodo africano; han mirado hacia otra parte ante las tribulaciones de los refugiados africanos, han disimulado hasta el virtuosismo la presencia de negras muchedumbres famélicas en sus fronteras; y al cabo, cuando se han visto en la evidencia más flagrante, han cerrado las puertas. Galos e ingleses, asustados por la «invasión» africana, refuerzan sus murallas y aumentan las deportaciones de «ilegales», al tiempo que cruzan miradas de temerosa complicidad con los rollizos gobiernos vecinos. Los dueños del eurotúnel no afrontan la inmigración: corren despavoridos hacia sí mismos; experimentan la contractura galvánica del miedo, la retracción instintiva en la propia coraza, la retirada en desorden hacia el triste recinto del egoísmo. Huyen de los pobres impidiéndoles la entrada y catapultándolos al infierno del que salieron. Quieren evitar la marabunta indigente; y como no pueden levantarse las faldas geográficas y escapar como antílopes, la rocían con el *napalm* de la indiferencia y le propinan la patada policial. Ya dijo Adela Cortina que no hay racismo contra la raza sino contra la pobreza, de modo que los eritreos, egipcios, libios, argelinos y sirios que arrancan vallas y abordan camiones en la divisoria francobritánica no asustan a nadie por el color de su piel sino por el vacío de sus estómagos y faltriqueras. Al pobre, si viene solo, se le acaricia la espalda, se le sahúma con lugares comunes y se le despide con falsos ofrecimientos; pero si llega enjambrado, con el bostezo en ristre y la casquería rugiente, se le huye. Una parte de la sociedad europea siente compasión del pobre y le organiza la parca hogaza del remordimiento. Los gobiernos, en cambio, no. Su expeditiva reacción al descontrol migratorio pone de manifiesto la enorme distancia contemporánea entre administradores y administrados, la primitivización y satrapización del poder. Anchas parcelas de las «altas» instancias políticas y comerciales del «primer mundo» contemplan desde un palco refrigerado el tenebroso espectáculo africano del hambre y la muerte; pero cuando los actores han rebasado el escenario les han detenido en el foso de la orquesta, en el descampado fronterizo, antesala de la buena vida, para que prosigan aquí la zozobra de allá mientras el pellejo se les va secando entre zarzales y espartos.

La objeción prohibida

De nuevo se han enfadado los invasores de la opinión pública porque la conciencia de otro juez ha puesto reparos a fingir normal una cosa rara. Los poderes públicos, erigidos en portavoces del sector más nihilista de la sociedad –el que mejor combina con su desgobierno–, y acuciados por un prurito de lo más autoritario, se han apresurado a informar a su funcionariado de que la objeción de conciencia no forma parte de sus posibilidades laborales. Una rabieta estúpida, desde luego, que intentan sostener con el argumento, no menos absurdo, de que todas las funciones de un empleado público tienen la misma naturaleza, y por tanto idéntica obligación de cumplimiento. Cómo se nota la poca cultura filosófica. Semejantes razonamientos despejan cualquier duda que uno tenga, por ejemplo, sobre el porqué del ridículo nivel académico de nuestros escolares; y alimentan, de paso, la horrible sospecha de que tanta estulticia en unos gobernantes no puede sino delatar intenciones ocultas.

Estos pueriles adaptadores de la moral a las conveniencias pretenden que sea lo mismo, respecto a la objeción de conciencia, preparar un informe o hacer fotocopias que «casar» a dos hombres. El despropósito salta a la vista. Y también la subordinación bochornosa de nuestros dirigentes políticos a las parcelas más chabacanas de su electorado.

Situaciones como ésta evidencian la doblez y la endeblez de la sofística gubernamental. Sin embargo, por mucho que se empeñe cualquier ministerio, la normativa legal no sirve para persuadir a los jueces y a los alcaldes de que añadan a sus tareas la desnaturalización del matrimonio. El gobierno, en su existencia subalterna, no sabe y no quiere distinguir entre obligación laboral y libertad moral, porque si lo hiciera no podría satisfacer las vergonzosas presiones que lo abruman. Pretende «prohibir» a los funcionarios la objeción de conciencia, saltándose a la torera las leyes y el derecho natural; y tan urgentemente que hasta vulnera las más elementales normas del disimulo.

Todo esto, lejos de suscitar ninguna duda sobre la libertad de conciencia de los funcionarios, constituye la enésima exhibición de ilotismo político de un gobierno contradictorio, maniatado y dividido, cuyos miembros no se ponen de acuerdo ni en el más trasnochado anticlericalismo.

Faltan setenta mil

"Setenta mil abortos en España durante el año 2003". El dato aparece en rincones secundarios de los principales medios de comunicación, como gacetilla breve que nos informa de una estadística irrelevante. Sólo algunos, confesionales y comprometidos, le dan la importancia que merece. Así que, de entrada, no produce demasiado ruido. Luego, el eco escaso que ha podido generar se desvanece con rapidez, sepultado bajo el manto de la vorágine informativa de cada día.

Sin embargo el hecho, visto sobre el papel, y con un poquito de tiempo para la reflexión, parece algo apabullante, grave, muy serio; algo que no puede quedar así. Pero no tardamos en comprobar que sólo se trata de una sensación personal, «minoritaria» a todo estirar, que contrasta vivamente con la indiferencia reinante a nuestro alrededor. La noticia, desde el punto de vista de la sociedad en general, se olvida en tiempo récord.

Somos un colectivo cada vez más homogéneo, adocenado y manejable, que se escandaliza porque despiden al entrenador de un equipo de jóvenes que juegan al fútbol y no se inmuta cuando interrumpen, ya iniciada, la vida de miles de seres humanos. Eliminamos –cobardemente, despóticamente– el germen de *quienes* iban a ser hijos, padres, abuelos, sin querer darnos cuenta de que estos seres somos –hemos sido– nosotros mismos. ¿Qué indignación manifestaremos ante semejante atrocidad? ¿A quién pediremos explicaciones? Setenta mil abortos en un año, ¿cuántas muertes son cada día? ¿Qué *Bosques de los ausentes* levantaremos? ¿Quién rezará por el fin de tanto extravío? (Precisamente nuestro tiempo, más que ningún otro –aunque es el que más los cuestiona–, necesita los frutos inefables de la oración de clausura).

Si yo fuera un escritor antiguo, exclamaría: horrible abominación, vergüenza de la humanidad, escándalo de los santos, aflicción y tormento del Salvador... Pero como soy un escritor del siglo XXI, época de superficialidad moral y raquitismo intelectual, diré: ¡Qué barbaridad! ¿Dónde iremos a parar? Que, según se mire, viene a ser lo mismo.

Articulación de la indiferencia

Inglaterra e Irlanda rebuscan entre las líneas de la letra pequeña de los pormenores de sus tratados la fórmula injudicial que les permita zafarse del reparto de pobres en que consiste, de momento, la reacción europea frente a la tromba de fugitivos africanos. España, Francia y Alemania bufan y hacen muecas de contrariedad por el cupo de inmigrantes que, según la cabalística estipulada, les toca recibir anualmente. Italia y Grecia respiran aliviadas porque cierta disposición mágica número-barra-número las exime de practicar la caridad. El drama de la inmigración masiva pone dolorosamente de manifiesto hasta dónde llega la decadencia de la civilización occidental. En la Unión Europea, valedora de los derechos humanos, crisol del civismo y la fraternidad, se hacen a la miseria y al sufrimiento melindres impropios de una sociedad avanzada. La respuesta que la vieja Europa está ofreciendo a la llegada multitudinaria de congéneres dolientes no pasa de reuniones a meses vista, parlería confusa y aplazamientos vergonzantes. El continente «desarrollado» articula su indiferencia construyendo armatostes inservibles, festoneando su inacción efectiva con cientos de inútiles acciones decorativas.

Ante los millares de personas que llegan extenuadas a nuestras costas, los dirigentes europeos fingen trabajar con entusiasmo, se agitan con ansiedad, ejecutan a trompicones un estrafalario baile algebráico, legislativo y bursátil; una contradanza de repartos hipócritas; una mojiganga de pretextos y disculpas; un recital del materialismo instintivo al que se ha entregado la que fue hontanar de principios y maestra de humanidades. El procedimiento chabacano con que los ricos herederos de la filosofía griega y la técnica romana están escurriendo el bulto muestra bien a las claras que se han perdido hasta los papeles del disimulo. Y lo peor es que las consecuencias de semejante declive caen sobre las espaldas demacradas de quienes obtenían fuerzas de imaginar un encuentro con prójimos compasivos y generosos.

Europa envejece sin solera; periclita; huye; oculta su egoísmo tras un fárrago improductivo, tras un ir y venir a ninguna parte que resulta un biombo muy pequeño para su corpachón acobardado y endurecido.

Abortistas en huelga

Está visto que ser médico no implica ser inteligente. Las dos circunstancias, contra la convicción popular, no siempre van juntas. Medicina es una carrera memorística, como Derecho, como Historia, como cualquier oposición tal y como se llevan a cabo en España. Si uno tiene buena memoria puede aprobar, aunque no comprenda nada. Notarios hay que sudan tinta para explicarse con un mínimo de claridad en lo cotidiano, incapaces de redactar nada sintácticamente correcto y en cuya conversación habitual recuerdan a los ricos e incultos terratenientes decimonónicos.

Algo parecido sucede con los médicos que practican abortos: no puede presumirse demasiada inteligencia en los galenos que tras pronunciar el juramento hipocrático –una de cuyas cláusulas afirma que no utilizarán su ciencia para perjudicar al hombre– se dedican a provocar la muerte de niños indefensos. Tales «facultativos», o son tontos, o son inhumana, espantosamente cínicos. No cabe otra posibilidad.

Las clínicas que incluyen el asesinato infantil entre sus actividades han decidido hacer huelga –ojalá fuese para siempre– para exigir que la matanza embrionaria se considere «prestación sanitaria básica». Llaman «sanitario», que viene de «sano», a machacar el cráneo de un bebé dentro de su madre. Lo dicho: estulticia supina. O cinismo sobrecogedor; pervivencia de aquella monstruosidad médica nazi, que se cargaba niños deficientes y ancianos achacosos para perfeccionar la raza «perfecta». Eso decían, pero la verdadera razón era, sencillamente, que les molestaban. Lo mismo que ahora. Idéntica doblez lingüística. Puro eufemismo. Se habla de «interrupción voluntaria del embarazo», de «miocentesis» y otros tecnicismos, para esconder lo que sólo es aniquilar la vida inerme. ¿Acaso hay alguna diferencia entre un crimen al aire libre y uno en el interior de la matriz?

Los médicos abortistas ejecutan niños antes de que nazcan. Los médicos abortistas son un oprobio, un desdoro, una vergüenza, un fraude para su profesión.

El puntapié al aire

No hay cosa más lamentable que la estupidez voluntaria. Sobre todo en política, donde uno habla –supuestamente– por muchos, y donde se pretende que las ideas particulares pasen por colectivas. Un ejemplo flagrante, de luengo y vergonzoso recorrido histórico, es la defensa del aborto, actitud que suele aparecer con cierta regularidad en el debate político. De manera recurrente, y siempre con el propósito de hacer vibrar en algunos individuos las fibras más egoístas del instinto irracional, el progresismo escocido y demagógico afirma –con mirada y acento de absoluta convicción– que matar a los niños en el vientre de sus madres no es el crimen más abyecto que puede cometer el ser humano, sino un signo de progreso; que asesinar al congénere más inocente y confiado no es la mayor inhumanidad, sino un adelanto. ¿Adelanto hacia dónde? Porque recuperar niveles de salvajismo ya registrados hace más de tres milenios únicamente puede llamarse retroceso. Los antiguos griegos, que tenían a las mujeres encerradas en la estancia más oculta de las casas y hacían que sus tierras fuesen trabajadas por esclavos, arrojaban por un barranco a los niños deficientes. Los nazis, más bárbaros todavía que los antiguos griegos, utilizaban estos niños en experimentos de inenarrable monstruosidad y luego también los mataban. Nadie que tenga las facultades mentales en orden puede ver estas «costumbres» como algo aceptable, ni menos todavía positivo. Por eso la única explicación para el alegato proabortista que profirió el otro día P* –y para los que han proferido muchos otros antes que él: recuérdese a la ínclita B*– ante las tímidas reformas legales propuestas en este campo por el ministro G* es un burdo, encorajinado y acomplejado pseudopopulismo, segregado por la frustración y la impotencia política.

Cuando una persona inteligente presenta el aborto como algo aceptable y hacedero, lo disfraza de derecho cubriéndolo con togas carnavalescas y lo maquilla de supuesta necesidad civil, algo falla. Algo *le* falla. Las ideas, probablemente. Y la entereza. La exasperada gesticulación del perdedor es un espectáculo penoso, pero comprensible. No es fácil reprimir la *boutade*, la enajenación momentánea, el puntapié al aire; se requiere mucho autodominio y grandes dosis de longanimidad. Seamos, pues, indulgentes. Tengamos paciencia. Tarde o temprano el socialismo español afrontará serenamente sus dos grandes problemas –la formidable derrota electoral y la espantosa división interna que ha sacado a relucir el XXXVIII congreso–. Entonces abandonará los exabruptos y esbozará ideas. Digo yo.

Josefinas

En realidad, el menos patriota de todos es el que grabó las conversaciones de Fernández Díaz con De Alfonso, puesto que siendo prueba o al menos indicio de algo bastante grave, material escandaloso, canela fina para los medios y los enteros, las guardó bajo la gélida baldosa del cálculo y la premeditación para sacarlas en el momento preciso, estratégico y ornamental. Ni al grabante ni al filtrante les importaron un bledo las consecuencias que pudieran tener las conversaciones; no les importó nada la limpieza institucional ni la nación entera, sino que iban a lo suyo: a descolocar al poder cuando más daño pudiese hacerle; a emporcar la imagen de un partido; a verificar la influencia retorcida en la campaña electoral. Es el signo político de los tiempos, la orteguiana «característica del momento»: asaltar el mando al precio que sea, conseguir el sillón sin mirar pelo, prescindir de melindres y dengues. En primer plano sigue lo establecido, lo convencional, esa epidermis de moralidad que antes lo presidía todo pero ahora sólo parece que lo preside. Conviene que la probidad siga pareciendo lo principal, que se mantengan las formas, que se disimule a pierna suelta para poder mangonear por detrás con más libertad. Los resortes del escándalo ya no son tales resortes, pero se finge que lo son para tener comodines en la manga y coartadas en el forro. El fingimiento es virtud, aunque sólo sea para quitar de la vista las inmundicias de la tramoya; virtud y caridad para con los engañados, una fineza como la de Josefina, la emperatriz desdentada, que inventó y perfeccionó un maravilloso dominio de los músculos faciales con objeto de sonreír sin mostrar el pelado enciamen. Las josefinas del covachuelismo dicen filtrar la información para limpieza y regeneración de lo público, pero no lo hacen más que para cohonestar trapisondas y zalagardas. Nos muestran una sonrisa tenue, a medio empezar y a medio terminar, entre Pinto y Valdemoro, un si es no es de sonrisa para ocultar los dientes renegridos, los pegotes del escorbuto y la lisura de las encías.

El acoso de los tontos

Está el acoso clásico, premeditado, alevoso y concienzudo; el acoso de la vileza y de la contumacia, del odio y de la insensibilidad; el acoso criminal, vesánico e implacable que persigue a propósito el daño, el desequilibrio y la quiebra del otro. Y está el acoso disfrazado, el acoso encubierto, el acoso que no pretende serlo, el acoso perpetrado con buena voluntad; el que se inflige «por ayudar». Un auténtico asedio del que sus autores no llegan a darse cuenta porque llevan anteojeras de obstinación y gregarismo. Es el acoso de los tontos, que no se ve llegar y sin embargo produce las peores desgarraduras; el acoso extraoficial, involuntario, inocente y terrible, que no surge de la ruindad ni del maquiavelismo, sino de la pura estulticia. El acosador oficioso es un tarugo, pero no quiere aceptar el papel que le corresponde por serlo; de modo que se rebela y busca una víctima que cargue su fardo: alguien inteligente y honesto, heteróclito y, por tanto, sin muchos apoyos; alguien a quien convertir en centro de atención y sobre quien volcar impunemente la desmedrada sofistería que segregan las mentes obtusas. Todo con el mejor designio, claro; con el mejor de los designios imaginables: nada menos que devolver el díscolo al redil, integrar al pobre despistado, sacarlo del ostracismo y conducirlo al buen camino, hacerlo anuente y acrítico. El acosador oficioso intenta, en el fondo, conjurar el peligro: esconder su cretinismo evitando que nadie pueda ponerlo en evidencia. El acosador oficioso tiene miedo, un miedo enorme que convierte su romo cerebro en una fábrica de bajezas e indignidades, de acusaciones infundadas y cobardías degradantes. Cualquier cosa vale con tal de mantener el nivel a su medida, bien bajo, y hacer el proselitismo de la mediocridad. Con el sueldo no se juega, y lo primero es mantener las prebendas que tanta gracieta, tanta humillación y tanto ridículo costaron.

El gran peligro del acosador oficioso es que ignora su naturaleza; que no acosa por inquina, sino movido por el ansia incontrolable de ocultar su estupidez, por un espantoso complejo de inferioridad que le tensa las neuronas hasta que suelta rebuznos prolongados, reveladores y absolutamente bochornosos.

EN EL ATURDIMIENTO DE LA JUVENTUD

De los jóvenes –que, aunque parezca una tontería, son hombres con pocos años y, por consiguiente, recién venidos al mundo– cabría esperar una visión crítica de casi todo; una visión crítica resultante de comparar la ley natural, estampada en su interior y no corrompida todavía por ninguna mala influencia, con las iniquidades y las bajezas observadas en el exterior. Deberían tener esta visión, pero no la tienen. O la tienen muy pocos –cada vez menos–. La juventud está siendo asediada por varias hordas aliadas que pretenden repartírsela como botín. Se trata, básicamente, de hacerlos dóciles para que se gasten el dinero en lo que se les dice y para que acepten las ideas que les imponen. Esto, por parte de los que asedian, tiene su lógica en la perfidia humana; pero en cuanto a los asediados, no tiene lógica ninguna. Los jóvenes tienen la fuerza, el impulso de rebeldía, la intuición de la justicia, el deseo de cambiar las cosas, el idealismo; son generosos, porque disponen de tiempo; y audaces, gracias a su resistencia y elasticidad. Entonces, ¿por qué doblan sus rodillas ante la burda sugestión publicitaria? ¿Por qué son tan débiles? No se ha conocido en mucho tiempo una juventud, en términos generales, menos ilusionada, menos emprendedora, con menos ganas de modificar su entorno. Sólo tienen las iniciativas que les permiten que tengan. Escogen sólo entre las opciones que les dan para escoger. Como si no pudieran diseñar otras nuevas. Como si se conformaran con lo establecido. Es la consecuencia de haber crecido sin dificultades, con el estómago lleno y el capricho concedido; con derechos a mansalva y deberes en cuarentena. Esta generación abúlica presenta extraños fenómenos como los «ninis» o los furibundos adeptos de ideologías trasnochadas. Una situación que, por suerte, no se ha extendido irreversiblemente, porque muchos jóvenes continúan siendo el reflejo de sus padres, y a pesar de que la cizaña prolifera con rapidez en el terreno familiar, aún quedan árboles lustrosos que dan buenos frutos. Con todo, crece la cifra de los que vagan desorientados en el páramo de su edad; de los que, cansados y hambrientos, no dan con el camino de salida sino que van dando tumbos, atraídos por los faroles de falsa esperanza que agitan los diablillos del aturdimiento.

La juventud, sin embargo, ha de seguir siendo el tiempo del anhelo, de la vehemencia, de la sensibilidad y de la elevación espiritual. Y en la medida que deje de serlo, el futuro próximo, el horizonte inmediato se irá oscureciendo.

Pegan los hijos

La justicia valenciana quiere impedir que los hijos agredan a los padres. Quiere pergeñar antídotos legales contra un veneno que se va extendiendo tan rápida como alarmantemente. No lo conseguirá. Las normas y los castigos no sirven de nada cuando un chaval coge a su padre por la solapa y le zarandea exigiéndole que madure, que asuma su paternidad, que sea el guía que necesita y no el adolescente cobarde y egoísta que sigue siendo pasada ya la cuarentena. Este chaval se siente víctima, y no culpable. Porque la mayoría de agresiones actuales de hijos a padres –aunque no todas, claro está– son la manifestación atávica e inconsciente, y por tanto agresiva, de una contrariedad absolutamente legítima: la contrariedad que produce sentirse una carga cuando se sabe uno motivo de alegría; verse arrinconado en lugar de abrazado; ser esquivado en lugar de acompañado y aleccionado. El niño precisa un hombre y una mujer a su lado, y no un par de majaderos despepitándose por alargar indefinidamente su juventud; requiere un hogar en que desarrollarse y unos modelos en que mirarse, y no dos críos que le aparcan donde pueden para seguir saliendo con los amiguetes o para irse de viaje sin el engorro de su presencia; le urge la originalidad paterna, y no el sucedáneo de los abuelos ni el embuste de los «canguros».

La violencia filial, en estos casos, mana de las regiones etéreas del afecto, la sabiduría y el sentimiento. No es un delito premeditado, sino inducido, así que será más eficaz perseguir jurídicamente la causa primera. El problema no son tanto las agresiones de los hijos como las negligencias de los padres, que no saben muy bien qué hacer con sus vástagos –o no quieren saberlo–, y optan por huir. Se inhiben. Y contra esa inhibición arremeten sus hijos, utilizando el arma –siempre violenta– que suministra la impotencia y el desconcierto. Una patada en la canilla de un padre no significa lo mismo –con excepciones, insisto– que una patada en la canilla del primer transeúnte despistado. Ésta se da por vandalismo, pero aquélla por despecho. Buena parte de las patadas a los padres –no todas, insisto de nuevo– son reproches amargos, invectivas agrias, recriminaciones cargadas de razón que, traducidas a las palabras que no encuentran sus propinadores, quedarían algo así como: "¡sé padre de una vez!"; o: "¡sé adulto!"; e incluso: "¡ya está bien de niñerías: afróntate y afróntame!".

No estamos, pues, ante la proliferación de un delito juvenil. Estamos ante los efectos del individualismo y la puerilidad existencial de los padres; pura inmadurez que se verifica en el suministro masivo de dibujos animados y de videojuegos, combinado con la restricción cicatera de compañía y de consejo. Sobre tales cosas debe actuarse principalmente, y no sólo sobre las reacciones que provocan. Pero pasa que resulta más fácil disparar al bulto, endosar el delito al autor del aspaviento, que analizar la cuestión y averiguar quién es el verdadero responsable. ¿Cómo hacer que los padres asuman su condición?

El despropósito empezó cuando al noble arte de instruir o enseñar se le llamó «educar». Y lo siguiente ha sido pura inercia.

Los otros ninis

Los ninis acrecientan su número. Los ninis han superado ya el 25% de la población juvenil en edad laboral. Los ninis detestan el estudio y aborrecen el trabajo. Los ninis van formando una mesnada ingobernable y grosera, un pelotón de proporciones alejandrinas que pronto será una pesadilla para el gobierno. Los ninis, producto de la inmadurez paternal, de los hogares vacíos y del pasmo cibernético, son ya un sector social hecho y torcido, una realidad bochornosa, un gremio sonrojante que, por desgracia, no tiene los contornos bien definidos. Las cifras oficiales no recogen todo el espectro nini: agazapados entre los pliegues de la sociedad hay más ninis, otros ninis, ninis rapagones, ninis en ciernes, ninis en potencia, ninis de tapadillo, ninis que no han alcanzado aún su plenitud –aversión total hacia el estudio y el trabajo–, pero les falta el negro de una uña. Son los ninis que no estudian pero tampoco han salido al mercado laboral, los que han abandonado el estudio pero no las aulas, los que no estudian ni dejan estudiar; son el ninismo en agraz, las flores del mal nini, cuajadas con polen de mala educación. Los ninis maduros están censados, pero los otros no. Los otros ninis no los ha contado nadie todavía. No se sabe cuánto nini verde hay en el aulario nacional, por lo que no se puede calcular el volumen de la siguiente cosecha. Se ha descuidado la prospectiva en punto a ninis, y esto tendrá consecuencias. Porque sin una previsión aproximada las medidas –de haberlas– no serán adecuadas; serán, a lo sumo, insuficientes o desproporcionadas. El poder, sin embargo, no parece preocupado. Ni las autonomías. Ni los ayuntamientos. Ni los colegios. Y mientras, brotan ninis, germinan ninis, proliferan ninis; ninis hongo que genera la tierra podrida y oscura de la desintegración familiar; champiñones nini que van al centro educativo a molestar, a deambular, a causar problemas, a descomponer el ambiente de trabajo y convertirlo en mantillo fértil para sus esporas. El gobierno y las cátedras de sociología se preocupan de los ninis en sazón, de los ninis que actúan –o mejor: no actúan– en la sociedad, pero no se fijan demasiado en los otros ninis, los ninis en trámite, que serán los atorrantes de pasado mañana. Desapercibidos y en infusión de orfandad, estos ninis *amateur* son los más alarmantes, porque van a desbordar el vaso que llenan los ninis profesionales.

Hay una burbuja nini como había una burbuja inmobiliaria. Y también estallará. Será un reventón sordo que salpicará los radicalismos ideológicos con mercenarios de diseño, ignorantes y acríticos, obedientes y maleables: gratuitos. Los otros ninis, los ninis que vienen, serán el ciudadano ideal, el modelo definitivo. Lo de ahora es un simple prototipo, aunque bastante logrado. George Orwell fue un ingenuo: la cosa es mucho más retorcida y sutil de lo que imaginó.

La «rebelión» ociocéntrica

Están enfurecidos y no tienen miedo –eso dicen–; les irrita que la vida les niegue lo esperado, y expresan su contrariedad superlativa con la pataleta infantil de la manifestación estentórea. Están en su derecho. Más aún: se quedan cortos; aunque no en los decibelios de su protesta, sino en los contenidos. Porque oyéndoles queda muy claro que saben lo que quieren –una vida ociocéntrica–, pero también que apenas han reflexionado sobre la fórmula para cambiar las cosas, ni se han planteado que son ellos quienes deben hacer los cambios. Integran la generación más muelle desde los «felices» años veinte del siglo pasado, y no parecen decididos –ni mucho menos– a dejar de serlo. Eso es alarmante. La historia sinonimiza molicie y decadencia. El exceso de bienestar ha debilitado siempre las civilizaciones; ha señalado al mismo tiempo su cénit y el inicio de su descomposición. Pero los jóvenes que aúllan en manada por las calles exigiendo trabajo y confort no parecen haber pensado esto. Se han dado cuenta de que las cosas no son como hace unos años; de que no basta estudiar –con poca o ninguna vocación– una carrera o dos y saber varios idiomas para entrar en el privilegiado club de los que reciben periódicamente un salario; de que hay miasmas en la política y en la economía que inficionan y desbaratan sus esfuerzos; pero no quieren ver más allá. Están en la primera fase de la reacción ante un trastorno: enunciar su desencanto y pedir –así, por las buenas– que la realidad sea otra. Quieren que «alguien» haga «algo»; que las condiciones económicas cambien sin su intervención; que las cosas ocurran sin más. Nada extraño para una primera fase. Lo anómalo es que no se vislumbra una segunda, compuesta de análisis y acción. En tiempo de vacas gordas el rancho alcanza incluso para los conformistas y los indiferentes; la piedra de toque son las vacas flacas: ahí es donde se ven los quilates de una generación; y ésta que, aborregada, berrea por las calles no tiene la traza guerrera que pretende aparentar. Es –hay que decirlo, a despecho de feminismos cursis– una generación afeminada. ¡Que haya tenido que ser Stéphane Hessel, nonagenario, quien les diga lo que significa indignación! Los intelectuales entrados en años y experiencia ven las preocupantes limitaciones que padecen los jóvenes actuales y segregan recomendaciones de inevitable dejo paternalista. En trabajos de calado, como el de Hessel, y en columnas fugaces de periódico. Raúl del Pozo les dijo el otro día que "no basta tener razón para montar un pollo", y que "para hacer una revolución hay que estudiar tanto como para ser cónsul o abogado del Estado", y remataba el artículo alineándose –no sé si conscientemente– con Ortega y Gasset al afirmar que "sin una idea, una brújula, un objetivo, se para la rueda gigante de las masas". Con todo, ni los Hessel ni los del Pozo intentan marcarles la pauta. En absoluto. Únicamente instigarles, que no es poco. Porque urge despertar a las nuevas promociones de su adolescencia permanente; desinfectarles de prejuicios y de connotaciones reaccionarias el término «virilidad»; incitarlas a comprender que los poderes establecidos, decadentes y acomodados, nunca llevarán a cabo los cambios que les reclaman. No es momento de reclamar, sino de *hacer*. Y *hacer*, antes que «manifestación», es conciencia social, preparación intelectual –técnica y humanística–, y acción. El pensamiento europeo está dejando al descubierto el vacío teórico de la «rebelión» ociocéntrica.

Noticias fantasma

Hay noticias fantasma; noticias que se asoman un instante a la realidad y luego desaparecen con tal rapidez que sólo queda en la memoria la incertidumbre de haberlas percibido. Como aquélla de la fabricación de petróleo a base de algas; o la del motor de coche alimentado con agua; o, más recientemente, las declaraciones de la fiscal de menores de Valencia desaconsejando el uso de móviles con acceso a *Internet* antes de los catorce años. No está clara, en estas noticias, tan extraordinaria fugacidad. Resulta sospechoso el parco seguimiento informativo que se les dispensa, como si fuesen retiradas de la circulación por una mano enemiga de la evidencia o de la utilidad; como si hubiesen burlado a un extraño *gatekeeper* de lo conveniente y éste, furibundo, les asestase a la segunda el zarpazo silenciador; como si alguien quisiera que no hubiesen visto la luz. Pero la vieron, al menos una vez, y queda en la retentiva su etérea, imprecisa, desdibujada e inquietante huella.

Fue objeto de algunas gacetillas e inmediatamente desapareció del espacio informativo, pero el hecho de que la fiscal de menores afirmase que los niños no deberían tener móviles con acceso a *Internet* hasta cumplir catorce años remite la intuición a tantos problemas actuales que la noticia permanece como un destello mnemónico en muchos cerebros. La sociedad futura está en los menores de catorce años, e innumerables negocios dependen del acrecentamiento de su estulticia. Por eso les facilitan el *Internet* de bolsillo. Con los padres atiborrados de televisión y los hogares vacíos del desayuno a la cena, el espectro del comercio tiene campo libre para lobotomizar a su sabor las tiernas mentes púberes. Sabe que los adolescentes analfabetos y pornoadictos, devoradores de series abominables y admiradores del primer bufón sin talento que les pongan delante son carne de cañón. *Internet* se les vuelve trampa, y los dedos cautivos de teclados dignos de mejor uso.

No conviene, aunque se tiña de negro el horizonte, inventar nuevos carburantes mientras exista el grandísimo negocio de los tradicionales. Tampoco es conveniente desengañar a las masas, porque podrían volverse críticas e indóciles y dejarían de hacer cola para comprar versiones enésimas de artilugios innecesarios; o empezarían a quejarse de obsolescencias programadas que hoy toleran; o comprenderían que no se puede o no se debe, sin acabar la ESO y sin ser futbolista, vivir como un pachá. La fiscal de menores ha lanzado una voz de alarma en este sentido, pero sus trascendentales declaraciones han quedado reducidas a titular efímero, a pormenor momentáneo y semiextravagante, a noticia fantasma. Urge, pues, atender a las noticias fantasma, darles importancia, escrutar la prensa en su busca. Porque las noticias fantasma contienen los verdaderos temas de interés, las auténticas cuestiones candentes, los genuinos puntos de reflexión.

Altruismo juvenil

Cómo van mejorando las almas juveniles. Qué maravillosa propensión al servicio de la sociedad. Cuánto altruismo rezuma la lista de preferencias en la elección de los estudios universitarios para el curso 2015-2016. La primera carrera elegida es medicina, y la segunda maestro de primaria. Sanidad y docencia; curar y enseñar. El espíritu del buen samaritano arraiga entre los jóvenes bachilleres; y bien claro se ve, contra el parecer de maldicientes y agoreros, que la pubertad no sólo surca las regiones bajas y soeces de internet, sino que tiene, y en abundancia, sentimientos elevados de generosidad y filantropía. Debemos congratularnos, y sobre todo ignorar por completo las interpretaciones mezquinas y malintencionadas de algunas mentes retorcidas que achacan las actuales tendencias de los estudiantes a cierto egoísmo redomado. Sostienen tales individuos que la medicina se ha escogido mayoritariamente por el prestigio social y el dinerazo reportados por su ejercicio; y que la segunda preferencia es magisterio porque, si bien es un oficio peor pagado, presenta menos dificultades y proporciona mucho más tiempo libre. Un punto de vista pérfido e insostenible, porque atribuye a muchos nuevos universitarios un utilitarismo radical y una indiferencia que no se corresponden para nada con su comportamiento colectivo. ¿Cómo se puede poner en duda la probidad y el espíritu de sacrificio de unos chavales que han superado las durísimas exigencias de la educación secundaria obligatoria, que han vencido los horripilantes rigores del bachillerato contemporáneo y han aprobado el selectivo más difícil de la historia? Sería una bajeza imperdonable; una carga de prejuicios infundados y calumniosos con los que ningún amargado tiene derecho a lastrar los acendrados inicios de los futuros médicos y maestros. Así que no escuchemos el canto fúnebre de la siniestra coral pesimista, no demos pábulo al catastrofismo, y alegrémonos por el raudal de médicos y maestros que cuidarán de nosotros y formarán a nuestros nietos. Y si llegados a este punto notamos que nos tiemblan las piernas, perdamos cuidado: seguramente se debe a la emoción.

Incógnita sociológica

No acaba de comprenderse que parcelas cada vez más amplias de la juventud propendan a pasar las horas muertas fumando porros en cocheras alquiladas con dinero paterno; ni su predilección cada día mayor por el mínimo esfuerzo; ni su rápido alejamiento de conceptos como la responsabilidad, el pudor, la empatía y la moral; ni sus bajísimos niveles de sal en la mollera. Se comprendería si nadie les ayudase; si estuvieran solos ante las dificultades de la vida. Pero lo cierto es, precisamente, lo contrario. Porque los jóvenes de hoy gozan de un óptimo entorno. Tienen unos padres que se desviven por conocer exhaustivamente la realidad con objeto de formarse un criterio correcto y poder así educar mejor; que invierten todo su tiempo libre y parte del horario laboral en revisar *whatsapps* y páginas *web* que les ilustren; que roban horas al sueño y a la vigilia para mantener sus relaciones sociales, muy conscientes de que todo contacto puede ser bueno para el futuro de sus vástagos; que sudan la gota gorda en los gimnasios, cuidando el cuerpo para poder cuidar más años a su prole. La historia no ha conocido ninguna generación con padres tan abnegados. Y por si esto fuera poco, donde no llegan los padres, atribulados por la inmensa tarea de serlo, llegan los abuelos, que suplen con creces las inevitabilísimas ausencias de aquéllos haciendo a sus nietos múltiples y generosas dádivas, amén de satisfacer sus caprichos a pedir de boca. No se sabe de abuelos que se hayan quedado cortos a la hora de repartir cariño.

Y para colmar la cosa, para completar como nunca este contexto idílico, están los profesores. ¿Cuándo se han prodigado a la juventud más atenciones académicas? ¿Cuándo ha sido estimulada con tanto ahínco al estudio y a la edificación personal? Hoy se imparte una enseñanza totalmente personalizada, que adapta la exigencia de cada una de las materias al nivel intelectual de cada uno de los alumnos y que, si esto no basta, permite pasar de curso igualmente para cerrar todo resquicio a la frustración.

Hasta los políticos viven entregados a la «causa» de los jóvenes, rebozándolos en derechos y reduciéndoles los deberes al más ínfimo simbolismo.

Por eso no se comprende la desidia que atenaza –salvo heroicas excepciones– a un sector en alza de la juventud contemporánea. Será que los nuevos tiempos han traído causas desconocidas, motivos inéditos que la sociología deberá desvelar cuanto antes para que los mayores no se queden sin jubilación.

La gran generación

Los que nos consideran el farolillo rojo de la enseñanza europea no han interpretado bien el informe 2012 de la Unesco. Porque allí se dice que uno de cada tres españoles entre 15 y 24 años abandona sus estudios antes de acabar la secundaria, pero también se declara que una cuarta parte de los jóvenes que ya no estudian tampoco buscan empleo. Esto significa que una cuarta parte de un tercio de nuestra población adolescente quiere ser nini; que tenemos un montón de chavales que se sienten capaces de vivir sin trabajar, de subvertir las leyes de la vida, lograr la cuadratura del círculo y llegar a ser atorrantes en exclusiva. Es evidente, pues, que los analistas, desorientados en la jungla de guarismos y programas informáticos, no han encontrado el camino que conduce a las despejadas regiones ultramatemáticas, a la reflexión paralela, esclarecedora y esperanzadora que cualquier mente despierta sabe tricotar con la estameña numérica. Conque vengan acá los intérpretes de pacotilla, salgan del sótano cuadriculado y oscuro en que suelen revolcarse y contemplen el dato desde la perspectiva correcta: nada menos que un siete por ciento de la juventud española que juzga perfectamente hacedero lo que hasta hoy era un sueño, una utopía, un imposible; que no considera necesaria la lotería ni la política para vivir sin trabajar; que acomete la suprema ilusión hispánica con sola su inteligencia. Es el perfeccionamiento de la raza, un salto evolutivo, una cumbre de seguridad y autoconfianza que no esperábamos alcanzar. Nuestra intrepidez había llegado, todo lo más, a confesar abiertamente y sin complejos de ningún tipo el íntimo anhelo que nos consumía; pero la irresolución y el apocamiento nos atenazaban, y sólo intentábamos conseguirlo con los mil trucos de prestidigitación fiscal que iba segregando la sagacidad popular. Hacíamos muchas cosas, nos movíamos incesantemente para ganar más con menos esfuerzo, pero el objetivo final, dejar de trabajar, no llegaba. Era el nudo gordiano que parte de nuestros jóvenes, nuevos Alejandros, han cortado –haciendo suyo aquel "tanto monta cortar como desatar", definitiva síntesis de la osadía, que pronunció el conquistador macedonio–. La proverbial astucia española se ha superado a sí misma gracias a una generación emergente, resuelta, impetuosa y, por qué no decirlo, un tanto expeditiva. Así que de bajo nivel académico, nada. Alto, altísimo, estratosférico; tan alto que no puede medirse con los procedimientos convencionales. Los ninis desdeñan el sistema porque les viene corto, porque han hallado el remedio al eterno problema hispánico y han abierto nuevos horizontes vitales a la esencia de nuestro carácter: han demostrado que se puede vivir sin trabajar, algo que va más allá de unescos y estadísticas. Démonos albricias unos a otros por ello; felicitémonos, congratulémonos y no nos dejemos engañar por la cara de lástima que ponen los vecinos europeos: en realidad es pura envidia.

Atémonos los machos

Saltan las alarmas ante la violencia de la impotencia. Hay asombro, escándalo y hasta indignación frente a la vesania juvenil, como si fuera un fenómeno insólito. Pero de insólito, nada. Sólito y bien sólito es desde hace décadas. Tan sólito y antiguo como la misma irracionalidad humana. Basta que las cosas no salgan como uno quiere para que se aflojen las riendas del autocontrol y se abra el portillo del subconsciente. Ha ocurrido siempre. Por eso resulta extraña la sensación de novedad con que hoy se percibe la reacción destructiva de los adolescentes frente a la contrariedad. O no tan extraña. Quizá se intuye que hay algo nuevo tras este comportamiento; un pegote insano que antes no estaba; un emplasto vicioso que conecta el incendio del contenedor o la coz a la ventanilla con otras dimensiones de la vida en que los daños de la violencia y la irreflexión pueden ser peores. Quizá se presiente que la pedrada y el bastonazo han traspasado los límites de la locura excepcional, del descontrol momentáneo, para formar parte regular de la personalidad; que la escotilla del atavismo ha quedado entreabierta y la hediondez troglodita contamina la higiene civilizada; que hay una relación tenebrosa entre la furia vandálica y el voto anarquista, entre la iracundia salvaje y la propensión a la *tabula rasa*; que la comezón rompedora pretende ir más allá del cachivache inmediato y extenderse a los elementos básicos de la convivencia; que las impotencias coyunturales han pasado a ser existenciales, y no encuentran otra salida que demolerlo todo a ver qué pasa. Esto sí es nuevo; y alarmante, porque proporciona otra perspectiva –lúgubre y envilecedora– para ciertas formas «tradicionales» de gamberrismo. Como los incendios forestales, por ejemplo, cuyos autores pasarían de pirómanos a simples frikis del cine catastrófico. La cuestión es grave hasta el punto de que será uno de los principales problemas del futuro próximo. Una bruma indescifrada, compuesta por gases diversos y nocivos, conecta la nueva naturaleza de la brutalidad juvenil con el regreso de la vieja grosería política. Los jóvenes degeneran como gamberros y como electores, así que atémonos con brío los machos.

Vertigoadolescentes

Están comprimiéndoles la perspectiva; poniéndoles las anteojeras de la desesperación; conduciéndoles, a través de senderos capciosos, al más completo desconocimiento de sí mismos. Y el procedimiento es tan eficaz como trillado: escamotearles toda referencia moral, toda explicación vital, toda fuente de sentido; sumirles la existencia en la caverna de la indeterminación, del relativismo absoluto, de la vaguedad, y luego retirar de su alcance cualquier asidero firme. La cuestión es que pierdan de vista su auténtica naturaleza, su dignidad trascendente, su doble dimensión; vedarles, con los terribles anatemas del ridículo y de la exclusión social, el camino que conduce a la verdad; esconderles lo infinito para que su anhelo permanezca siempre insatisfecho.

Bien mirado, los grandes poderes económicos y los inventores de modas que les «preparan» el negocio tienen muy presente –y por eso la temen tanto– la espiritualidad juvenil, el ansia de certeza y de profundidad que caracteriza las primeras edades; una inquietud ontológica que, convenientemente cultivada, sirve de antídoto contra la voracidad comercial.

Se trata, pues, de distraer a los jóvenes, de reducir al mínimo sus posibilidades de hallar la respuesta satisfactoria, de fijarlos a este mundo para que no se acuerden del otro. Así se consiguen compradores compulsivos, insatisfechos crónicos, clientes con un saco sin fondo y un terrible deseo de llenarlo. Es la maniobra económica del momento, el último y más pernicioso recurso del mercantilismo exacerbado: pastorear las multitudes jóvenes en los prados contaminados del consumismo; precipitarlas en el despotismo de la estricta materialidad.

El vértigo adolescente resulta muy rentable: llena las tiendas y dispara los beneficios, de modo que los mercaderes hacen el agosto y las finanzas de la nación se tonifican sin que haga falta un gran esfuerzo por parte del ministerio del ramo.

En realidad, el verdadero motor de la economía es el MEC.

Violencia de nueva planta

El asunto reclama, desde hace tiempo, una reflexión colectiva, una preocupación general capaz de poner en marcha los reumáticos mecanismos administrativos. Pero parece que nuestra sociedad no tiene demasiadas ganas de abandonar aquella "somnolencia digestiva" que le atribuía cierto filósofo, y asiste con cierta pasividad al rápido agravamiento de la violencia juvenil. El pasado sábado, la Policía Local y la Guardia Civil tuvieron que multiplicarse para sofocar tres batallas campales en una sola noche. Hubo, por supuesto, escándalo vecinal, se comentó el suceso en tertulias familiares y en corrillos callejeros, y se pronunció el preceptivo "¡dónde iremos a parar!"... La reacción de siempre. Nada más.

Resulta evidente que la implicación popular está obsoleta frente a la nueva ira imberbe. Ya no bastan los lamentos rutinarios: la violencia que hoy practica la masa púber –y no tan púber– es un encarnizamiento insólito, una furia sin precedentes. La pelea del otro día no era una riña común; no era una reacción: era un objetivo. Forzoso es, pues, consignar la evolución de la iracundia juvenil desde la pelea «tradicional» hasta la pavorosa vesania contemporánea.

La juventud alucinada y alucinógena, epígona de los protagonistas audiovisuales, devota de las farsas de papel *couché*, constituye un sector social emergente de nuestro tiempo; y sin embargo, su brutalidad no se debe sólo a la mala influencia de los *mass media*. Su irritabilidad salvaje tiene más de un principio activo: es un *cocktail* de varios factores –culturales, económicos, familiares–, cuyo primer efecto es la inhibición del crecimiento intelectual y espiritual. Los nuevos camorristas no parecen provocadores: no están a la ofensiva, sino a la defensiva; su fiereza no es la del depredador, sino la de la presa acorralada. Es como si, desorientados en medio de un mundo que no comprenden, despavoridos delante una vida que no saben afrontar, se defendiesen a dentelladas.

Carne de horda

Hay algo más preocupante que las hordas –ésas que vimos actuar el otro día en Madrid, y que seguirán actuando si la justicia continúa tan implacable como ahora–, algo latente que no presagia nada bueno; porque las hordas ya están formadas, ya son operativas, ya nos han mostrado los fétidos manantiales de su vesania –ajenísimos a la política o a la ideología– y su apabullante solvencia vandálica; porque a las hordas les hemos tomado la medida –con el calibrador anatómico del cuerpo nacional de policía– y sabemos, más o menos, hasta dónde pueden llegar. Pero hay otro colectivo, todavía inarticulado, aletargado –en el activo letargo de la crisálida–, que promete atrocidades mayores; unas hordas en agraz, hordas en ciernes que maceran en salsa de claudicación paternal, adicción audiovisual, manipulación comercial y mentira escolar, que son carne de horda porque han agotado sus opciones o desprecian las que les ofrecen. Son hordas que todavía no lo son pero que vienen, multitudes adolescentes que ultiman su formación vagando en los descampados y aplicándose al estudio de la marginalidad y el cambalache alucinógeno. Hay un rebullir de carne de horda en la periferia y en el cogollo de la sociedad; en los arrabales y en las urbanizaciones pijas. No hay generaciones perdidas: hay fragmentos de generaciones que transitan el áspero camino de la horda. Carne de primera que se ha dejado perder; que todos, de una u otra forma, hemos dejado encarroñarse. Las animaladas que tuvieron lugar el otro día en Madrid no son un fenómeno aislado: forman parte de un proceso que, desgraciadamente, no ha culminado. Viene la carne de horda, la falange montaraz en sahumerio electrónico y anárquico, el agrio encurtido social de los que no se desarrollan, de los que no llegan a ser sí mismos porque nada en su entorno les habla de disciplina y esfuerzo. Si, como aseguraba Goethe, los intelectos nobles aspiran a ordenación y a ley, no es descabellado presumir que nos acercamos al apogeo de la vulgaridad que predecía Ortega. Rugen las hordas; pero se oye, al fondo, el sordo rumor de la carne de horda, el pavoroso retumbar de una masa ineducada, roma, insensible, frenética, inconsciente, que lo reventaría todo para desahogar su frustración. Hay mucha carne de horda. Más de lo que parece. Y lo curioso es que su proliferación, para despiste de analistas progres y demás fantasmagoría demoscópica, tiene menos que ver con la enseñanza que con la familia, la cultura ambiente y la estrafalaria entronización electrónica de la banalidad.

Drogas

El fantasma de la degradación juvenil tiene muchas caras, y se aparece al mismo tiempo en vericuetos muy distintos, el último de los cuales ha sido el descubrimiento sociológico de que informar sobre los peligros de las drogas, lejos de producir alarma entre determinado sector del mocerío, es motivo de todo lo contrario. En efecto: según acreditadas investigaciones, cuando ciertos adolescentes asisten a las típicas charlas donde unos expertos pintan sin ambages las ponzoñas y calamidades de los alucinógenos y los estupefacientes, no experimentan rechazo sino atracción. Parece ser que demasiados cerebros púberes, agostados por una mixtura de abulia paterna, embriaguez electrónica y relativismo ambiental, van deviniendo pedregales donde sólo crecen la ignorancia, la credulidad, la vulgaridad, la desidia y el materialismo, vegetación de hoja escuálida y raíz anémica, inútil para la nutrición y para la oxigenación; que se van convirtiendo en cerebros indigentes con una sola gaveta para cada concepto, de manera que los avisos contra la descalabradura de las drogas van a la misma en que guardaron el falso relieve social y la diversión falaz relacionados con ellas. En otras palabras: que los chavales oyen hablar de droga y empiezan a reírse, a darse codazos, a guiñar el ojo y a componer muecas estereotipadas. Da lo mismo, en su enteco raciocinio, que la drogadicción haya venido a cuento para bien o para mal, para divertirles o para horrorizarles, porque tienen mermada la función perceptiva. Su idea de la droga está hecha de majaderías callejeras y lugares comunes, y encima la guardan embutida en un minúsculo cajoncito del que han perdido la llave. Por eso la prevención se les vuelve invitación; por eso estimula su curiosidad lo que habría de generarles aversión; por eso toman el rábano por las hojas y descolocan al conferenciante, que observa en tiempo real cómo su arenga provoca sonrisa, hilaridad y hasta euforia en los tiernos oyentes, que viven aturdidos por simplicidades y no están preparados para las complejidades, que han crecido abandonados al instinto y son incapaces de dominarse, que no han tenido guías próximos y han seguido a los extraños, que se tapan los oídos con auriculares y los ojos con pantallas, que les muestran los estragos de la droga y quieren probarla.

El rebaño estupefacto

Uno siempre ha pensado que Norteamérica, en punto a degradación social y en punto a cualquier otra cosa, iba diez años por delante de los demás países; que a la pregunta «¿dónde iremos a parar?», formulada respecto de cualquier lacra más o menos generalizada, respondía la misma lacra observada en Estados Unidos; que interpretar la desintegración *yankee* como un pronóstico certero nos permitía mitigar calamidades con dos lustros de adelanto. Pero a uno lo ha sorprendido la rapidez de nuestra propia disolución, el aceleradísimo derrumbamiento del sentido común que ha tenido lugar por estos pagos. Ello es que han bastado unos pocos años para que la decadencia de nuestra sociedad se acerque a la del país de Bush y Schwarzenegger. Aquella tierra transatlántica ya no es la bola de cristal que nos previene de futuros alifafes morales. Al menos en cuanto a drogadicción: la ONU ha publicado que la tasa de consumo de cocaína en España supera la de EEUU, y cuadruplica la media europea.

Desgraciadamente, la juventud se lleva la peor parte: aquí se inaugura la matanza de neuronas a los quince años; una precocidad alarmante cuya explicación busca, sin mucho entusiasmo, el ministerio ibérico de Sanidad. Las primeras conjeturas apuntan hacia la socorrida ignorancia púber. Sin embargo, la cosa no es tan sencilla; no se trata de ignorancia, sino de temeridad. Los adolescentes cogen el «colocón» sabiendo que resulta nefasto para el organismo, y esto es lo grave del asunto.

El condicionamiento del grupo, el miedo al rechazo, siempre ha sido un factor coactivo entre los zagales, pero hasta no hace mucho la mayoría conservaba cierto control sobre la propia transigencia. Se claudicaba, más o menos, hasta donde se quería. Había un último reducto de sensatez. Hoy, en cambio, florece, a golpe de audiovisualidad, un gregarismo aberrante, hipertrofiado; un delirio estupefaciente donde no cabe la reflexión.

La generación sin nombre

Ni siquiera la generación de los años ochenta, que fue la del pasotismo, la indiferencia y la conducta arbitraria, conocida como «Generación x» –tan ambigua era que se llamó así a falta de un enunciado concreto que sirviese para calificarla–, produjo individuos tan «marcados» como los de la generación actual. Marcados físicamente, permanentemente, como el ganado; señalados para la posteridad como integrantes de una época. Hablo de los tatuajes, símbolos por excelencia de la actuación irreflexiva, del fetichismo, del comportamiento inconsciente y voluntariamente ajeno al futuro.

Hasta hace poco, cuando un adolescente –o no tan adolescente– mal educado quería dejar constancia de sí mismo, recurría a la gamberrada, representada por el garabato, la pintura rupestre o la frase lapidaria, estampados a punta de compás, navaja, llave, uña o lo que tuviera más a mano, sobre la superficie más prohibida que pudiera encontrar –pupitres, marcos de pizarra, puertas de armario, paredes, etc.–, en sus lugares más «odiados». Esta manera de actuar, además de la lógica ordinariez, llevaba implícito, todavía, un cierto respeto por uno mismo, una instintiva exención de la propia integridad física respecto de los exabruptos que la rebeldía incipiente le «hacía» cometer.

Hoy, en cambio, aparte de los vuelcos de contenedores, las micciones sobre maceteros públicos y vehículos privados, el abandono de vasos en los lugares más insólitos y el atiborramiento compulsivo con substancias tóxicas, parte de la generación del momento se dedica a marcar indeleblemente su cuerpo para cumplir con la necesidad ancestral de la autoafirmación. Sólo pretendo hacer anotación de una diferencia: la «Generación x» contemplaba las manifestaciones de su inconformismo a distancia, a salvo, pasando de todo menos de sí misma, de manera que, sin saberlo, quedaba intacta para el futuro. Sin embargo, la generación actual lleva estas manifestaciones a cuestas, como recordatorio para los años venideros.

No tengo intención de señalar, estigmatizar ni generalizar; simplemente advertir la indefensión en que, por falta de criterio, se halla la generación del presente. Observa, lector, que cada una de las generaciones pasadas presentaba una tendencia predominante, irresistible, hacia una moda determinada; mientras que la de hoy, como si no tuviera imaginación para delinear los rasgos de una moda propia, se encuentra perdida entre una mezcla, a manera de recapitulación, de todas las modas anteriores. La generación de nuestro tiempo no tiene nombre porque carece de personalidad. Está atrapada en un laberinto cuyas paredes se componen de las señas de identidad que pertenecieron a las generaciones de los últimos decenios. La generación presente vive de prestado, en un compás de espera que ya va siendo excesivo porque no llega la moda nueva y propia que necesita. Es una generación desorientada, como consecuencia del vacío moral e intelectual que inficiona al mundo.

Puede que aquí se encuentre la explicación del auge de los tatuajes. Ante la ausencia de una «moda» propia que les identifique como colectivo, un impulso al que adscribirse como grupo nuevo, original y perfectamente diferenciado de las otras generaciones, el instinto adolescente de los miembros de la generación sin nombre les lleva a reivindicarse a sí mismos a través de los dibujos indelebles impresos en la piel.

Antiguamente se aplicaba un hierro candente con figura determinada a los delincuentes, como hoy se hace con las reses, con el fin de marcar su piel para siempre. El tatuaje es algo parecido para la generación actual: una forma de identificación; pero una forma de identificación secundaria y como a falta de otra cosa. El problema de la poca originalidad, de la ausencia de salida, persiste, y quizá con el tiempo los tatuajes de hoy se convertirán en señales de un pasado desconcierto intelectual, e incluso en explicación de posibles extravíos.

La generación de nuestros días no tiene nombre porque, en gran parte, no se respeta a sí misma. Se tira todo por la borda para pagar un momento de diversión. Pero cabe preguntarse si hay algo en esa diversión que valga tanto. Desde nuestro punto de vista, evidentemente, no; aunque no es nuestra percepción lo que importa, sino la suya, inserta en sus circunstancias. Para un joven que está culturalmente solo, sin unos rasgos de identidad definidos a los que aferrarse como integrante de una generación, sin un criterio propio y unos ideales concretos, la opción de una zambullida en la diversión supone un respiradero, una puerta de salida. Lo malo es que, en muchos casos, se trata de una diversión vacía, sin objeto, que aturde, insensibiliza y ensordece. La «diversión», tal como la entiende gran parte de esta generación, es una puerta posterior de la vida, un cloroformo, un escondrijo en que permanecer inconsciente durante el tiempo en que –lástima– más cosas deberían construirse.

Muchos jóvenes de hoy están acostumbrados a encontrarlo todo hecho, y eso les ha atrofiado la facultad de la ilusión. Sin ella, no tendrán otro remedio que seguir sin nombre, sin personalidad, y continuar a merced de quienes les impongan adscripciones extrañas, evasiones fáciles y pérdida de un tiempo constructivo que les costará mucho recuperar.

El *share* del *shore*

Sería increíble si no fuera cierto: el epítome de la telebasura, el catálogo de los antihéroes, el escaparate de la ordinariez, la fórmula shore hace furor entre miles de adolescentes. No hay candidato a nini, vástago desatendido, hijo arrinconado ni retoño consentido que no siga con lastimosa fruición las peripecias del *reality show* más bochornoso de los últimos años. La vulgaridad es un refugio del desamor, y los descendientes de quienes han decidido seguir siendo jóvenes en detrimento de su prole son presas fáciles para los audiovisualismos procaces y las ciberhediondeces. El *share* del *shore* debe su opulencia, principalmente, a las interminables horas que sus lampiños adictos han pasado hipnotizados ante la electrónica –la telefonía móvil prematura, la informática descontrolada y el videodesconsuelo a granel con que sus padres les han silenciado la existencia–. Buena parte de la generación x no ha sabido aceptar el advenimiento de la madurez, y la generación siguiente acusa el adolescentismo crónico de sus mayores. El opíparo *share* del *shore* pone de manifiesto el desvalimiento moral e intelectual de amplias capas de la juventud contemporánea como las reválidas que propone Wert sacarían a relucir el inmenso estercolero que hay en la enseñanza. El *shore* debe su *share* a la degradación de la familia, que va siendo cada vez menos el cobijo físico y afectivo que fue, y se va convirtiendo en una choza llena de goteras; de modo que los adolescentes huyen de casa y se lanzan, como Pinocho, en brazos del primer trinchalaire que les ofrece un simulacro de ideal. Como el *shore*. Allí se propone un estilo de vida lamentable, unos objetivos abyectos y unas convicciones nefandas que siempre parecerán mejor que nada para el que no dispone de ningunas.

El joven requiere un ejemplo edificante, un camino cuyo recorrido le ayude a desarrollarse; y con excesiva frecuencia no ve ninguna garantía en los dos pimpollos marchitos que le han criado. Muchos padres han escatimado a sus hijos la referencia porque sérsela implicaba renunciar al pizpiretismo impúber, afrontar en serio la paternidad, hacerse adultos. Era más fácil ponerles un televisor delante. Pero el televisor es un mal padrastro que nunca niega nada; y los protagonistas del *shore*, unos hermanastros bastante chabacanos; así que tenemos una masa ingente de chavales que prefieren ser «shorizos» a permanecer en la inopia de la desorientación absoluta; que ni siquiera son astilla de su palo, sino reflejo de la pantalla, émulos del exabrupto, epígonos de la garrulería, *share* del *shore*.

ÍNDICE

Esta primera edición de
La conquista del espacio,
de J. V. Yago, ha sido impresa
con papel ahuesado, de 80 gramos. Se ha utilizado la tipografía
Garamond Pro. Y se terminó de
imprimir en la imprenta Reprográficas Malpe, en Getafe (Madrid), en junio del 2019.